增訂三版

古樹普洱茶記

茶趣 茶禪 茶收藏

丁元春 編著

目錄

輯一　茶趣

輯二　收藏

輯三　茶禪生活

作者簡歷

丁元春，一九五一年出生於雲林縣台西鄉。

一九七四～一九九〇年，服務於聯合報系——經濟日報、聯經出版公司，諸多管理類文章發表於經濟日報；一九九一年首次集結出版《銀行經營——行員邁向經理之路》。

一九九一～一九九八年，追隨吳東昇先生（現任新纖集團董事長），協助政治暨文化、出版事業。

一九九九～二〇〇九年，服務於台証綜合證券股務代理部。

二〇一〇年～二〇一六年，服務於台新銀行理財商品處股務代理部。二〇一六年三月退休。

二〇一一年出版《古樹普洱茶記——兼論茶禪生活》。

二〇一七年創立「義亨莊藏舘」，傳承正道古樹普洱茶、推廣茶禪生活；以增進國人身心健康、自在為宗旨。

手　機：0932-314-540
電　話：(02)2506-0268
地　址：台北市長安東路二段一〇八號一樓之四
LINE ID：0932-314-540
微信ID：alan0932-314-540
FB社團：搜尋「普洱茶　義亨莊藏館」

與茶友們互相期許
茶品淨身清心志
莊嚴家德福慧長
何止米壽八十八
相期茶壽一〇八

增訂三版推薦序

只愛普洱茶

茶，結識二十餘年，生活中已不能沒有它。記得第一次喝茶，就是老生普，濃甘樸實的勁道，馥郁圓潤的香韻，渾厚內斂的茶氣，叫人愛不釋手，一再回味。飲茶之於我，就如多年好友，心靈交會的歡喜，拙筆難以形容。因緣際會我接觸了中國武夷岩茶、杭州龍井、綠茶、黑茶、日本抹茶、玉露……等。對各類茶種無不熱切投入、探討，識盡各類茶滋味，普洱茶終究還是我的最愛。

期間，何其有幸，遍嘗號字級、印字級、中茶牌……等絕品老茶，如今這些茶餅，少則百萬，甚至千萬，與當初接觸時的親民價格不可同日而語，現初入門的茶友們已難有機會品嚐，更遑論擁有了；現今，對岸喝茶風氣直線成長，進而重大改變台灣普洱茶友喝茶的習性。由於老生普數量逐年下降，再加上對岸經濟起飛的實力也展現在普洱茶上，大量收購，令價格一飛沖天，做手們無所不用其極，炒作老生普價格，衝擊整個市場，台灣茶友們忘塵莫及，追

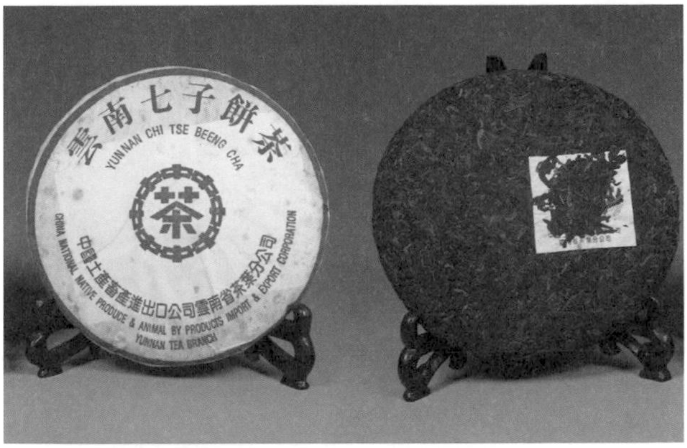

1992年中茶紅中紅外包裝及退包裝的表現

1997年中茶紅印鐵餅外包裝及退包裝的表現

之卻步，也開始影響我對新普洱躍躍欲試，一探究竟的欲望。

今日台面上的普洱茶，盡皆是強調單一茶區，單一配方的古茶樹。其價格從老茶區炒到新茶區；從西雙版納炒到邊境；再從南方炒到北方；無一不是市場主力的炒作手法。各樣的新茶，讓人眼花繚亂，不知如何選擇。此時回想，自古著名的老生普是採用單一茶區，單一配方嗎？答案好像不是。我心中漸漸升起疑惑。就在此時，認識了本書的作者——丁元春先生。

元春兄早期即親自前往茶區考察，深入各茶區了解屬性特色，且有極好的緣份和同慶號的傳人結識深談，進而取得授權，並依其製茶配方，複刻早期同慶號茶餅，賦予同慶號茶餅風華再現。元春兄依其老配方將各產區茶樹特性予以保留，並加入少許螃蟹腳，使整體風味更顯完整；遵循古法拼配方式與現今所强調單一茶區，純料古樹茶概念全然不同，提供茶友們另一種品茗風味的體驗，而新茶友們也可從複刻版茶餅，品味老字號的獨門滋味。

多次的品茶，論茶，談人生，談法。交換對普洱的心得，及其對佛法的體認，元春兄對普洱茶的觀念，無不與我契合，品茶既不落於茶氣的迷失，亦不掉落於茶味上的偏執，而失去自在喝茶的本質。

本書最末的章節，元春兄分享了他人生主張——將佛法融入生活當中，這正是以正見為導的茶禪一味。佛陀的教法，在於教導有情衆生，如何正確的認識所處的環境，如何正確的生活。八正道更是實踐佛陀教法的不二法門，由它來引導實踐佛法的道路，更形安穩妥適。元春兄在書中除將畢生職場體驗和所有關於茶的一切：如何選茶，如何品茶，如何藏茶，以及自在的茶禪不吝付梓，相信各位茶友細讀此書，定有意想不到的收穫。

大地綠建材公司財務長　王安東

80年代中茶牌紅印圓茶

80年代中茶牌紅印的湯色

增訂三版推薦序

揭開普洱秘辛曙光的現代茶書

智水滿於內
德澤溢於外
之餘，始及於風雅茶事

日　賣茶翁高遊外

六年前，我從台北移居鶯歌，過著半隱創作的生活。入住不久就在附近悄悄地出現一間豪華時尚的普洱茶專賣店『千家寨』，我觀察了很久才試著走進去喝茶。因為牆上的字畫，架上的普洱都頗為精雅高檔，坐鎮主人竟是一位年輕的小胖哥～感覺不符，這麼時尚年輕，懂普洱嗎？

終於有一天我抱著質疑的偏見走了進去。寨主小胖哥叫丁文章，他熱情且自信的介紹他的茶品和收藏，喝過幾道茶之後，令人十分驚訝！這些盡是正宗古樹名山陳普，質量精且存藏量大。

原來這些普洱都是寨主父親和伯父多年來努力的成果，除了：金瓜、宮廷、紅印等三款標地性名普之外，概皆千禧年後，陳放十幾年的布朗、班章、南糯、景邁、易武等純料古樹生餅，乾倉存放至今～苦澀已轉、香温湯滑，水色紅褐、氣藥機盛，現飲存藏兩相得宜，又適可做為未來優質古樹新茶陳化嬗變的參照。

其伯父丁元春則是關鍵人物，他在二〇一一年出版了《古樹普洱茶記——兼論茶禪生活》，研讀之後，發現這本書正是因應時代所需。時下多商業性參考工具書，或者與庶民生活遙遠的科學論證，市面上少見能以喝茶人的角度、品茗家的心得，由茶藝人文精神切入撰述；書中既有微觀養生保健、有機化學的論述，又有宏觀茶山旅歷、知名茶區茶質的全面介紹，內容相當周全而務實，對業者亦具相當參考價值。

茶是神傳之物，推廣好茶是正業也是善事。

書乃苦海明燈，傳播正統文化乃不朽德行。

其實二者不可偏廢。這本書能打開一般茶友的視野，品飲並對照書本之後，可逐漸提升鑑賞普洱正道的層次。我最感動的部分是，它首次揭開紅印圓茶乃特殊選料之拼配茶餅，與復業同慶號茶餅一樣，要加入微量六年生螃蟹腳作觸媒，還用特定白沙井水蒸壓茶餅……等，將這些十分難得的商業製造機密，大方地公開于世！

回想追求品茶三十多年歲月，由推廣品飲野生茶的理念，九零年代認識普洱、遊歷雲南，到一九九四易武破冰之旅的漫長過程，初由無紙紅印得其啓蒙，繼而：福元昌、雙獅同慶、同昌黃記、紅標宋聘……等號級茶的驚嘆和昇華；早在千禧之前，我心中已規範出普洱對人修身養性的究極境界，以及大體開發努力學習的方向。

千禧之後，新的山頭寨子茶如雨後春筍的冒出，其中不乏臨滄與勐臘各大茶山的佳作。嘗試過了無數新茶，感覺單一山頭古樹純料的優質和美麗，卻從未發現一片與過去號級茶相類似的口感和氣韻，直到二〇〇五年同慶號茶莊建莊２６９、２７０年紀念茶的出現。

我認為普洱的究極意境是：化滑悠遠、寬鬆弛坦。拿同年份易武古樹純料茶餅，與二〇〇五年同慶紀念餅一起

同慶號2005年復業首二批產品

評比，除了發現易武的共性：軟棉的外表、强大的內在之外，很自然察覺，一般的易武經十二年的陳化，茶性雖已收斂而茶韻卻奔馳未撫，茶湯於高、中、低頻的表現可謂頭角崢嶸來形容。

反觀六選六棄、選料嚴謹，加螃蟹腳、沙泉蒸壓的紀念茶，同樣十二年陳化，茶湯在高中低頻的表現已不明顯，像是各退其位而容入整體，形成由一點來統攝諸韻，規整修飾、轉形質為神氣。湯一入口，已臻化滑疏暢之初機，飲過後肢脈條達、末梢温信，這與印象中的雙獅已有六成的相似處。

今年八月終於與元春兄相識，正如書中涵養，一見如故，且隱隱有相見恨晚之感。

元春兄思慮縝密，律己甚嚴，時有懷抱出塵與修身齊家之胸襟；與之促膝長談，知無不語、言簡意賅。在人生境遇各類問題的回應～欣然快語、坦蕩直白，於屬靈屬世，侃侃而談。既是同參同道，又是同業同好，不期然連想起日本賣茶翁高遊外，並以其名句相勉勵：

智水滿於內

德澤溢於外

之餘，始及於風雅茶事。

歲次丁酉季秋　玉壺真香茶畫行者 白宜芳 於鶯歌茶齋 樂為之序

增訂三版推薦序

養生主普洱
老實去喫茶

機緣湊巧，得知元春兄普洱茶一書即將三版，可以為序言，想著元春兄待人接物著重誠懇篤實，在喫茶當中提攜生活，讓人受益頗多。筆者期許微言成序，提醒今人喫茶即生活的真善美聖，無須過與不及的光怪陸離；普洱養生與老實喫茶，才是茶文化的核心價值，也是元春兄對普洱茶孜孜不倦的最佳詮解。

基本上，普洱茶與生活的融和，可說是茶文化最實證的部分；而喫茶者的見地與人和，正是茶文化即教養的體現！其實，從習茶中，吾人能自然而然地體會厚德載物的誠善，啓發人生如寄的智慧，自覺清淨無為的樂趣！

又者，人生在世，得以潛移默化地教育人文，實非茶飲與茶食莫屬，喫茶的利己利人才是習茶者的追尋，真真不假！據此而言，筆者認為從「知茶、惜茶、煮茶、侍茶、品茶、存茶」這一系列的

習茶行誼，方能養成「去喫茶」的要義，循序漸進來兼顧「養生之道與待客之心」。有鑑於此，與元春兄品茗學藝收穫頗多，讓筆者想起師長的耳提面命：寧靜致遠於普洱茶陪伴的日子裡！同時期盼長輩與善友的提點，淡泊明志於茶禪一味的三昧中，特此發揮習茶的六要事，呼應時下的種種疑慮疑難，鼓勵健康與正向的喫茶，以為序言。至此，感懷元春兄的用心若鏡，並且砥礪學茶人的志向，更加期許習茶人的同參。

1. 疏懶

不少修身養性的人往往生活懶散，在生活中很多事務怠惰，這份惰性源於無知；當知任何持生事業必須建立毅力方可得，方得實相。老子言「和光同塵」[1]：人認真生活時才能砥礪毅力。知茶者真是需要正知見，絕不會對現實起懶散，眼高手低，看不起吃苦的實在茶人，也不會假喫茶之名來虛應故事。

誠如張伯端《悟真篇》[2]言：「志士若能修煉，何妨在市居朝。」[3]不論市集或廟堂上，人們都能養生與喫茶，一邊喫茶養心，一邊鍛煉意志。社會資訊爆炸而忙亂的現今，我們以知茶來入世者，才能升起疏懶而入於安定，這並非荒廢此生而逃避責任，而是淬煉出自立自强的獨立人格。人生可貴，能如佛家所言：「上

1 和光同塵：老子《道德經》第四章云：「挫其銳，解其紛，和其光，同其塵。」佛家引用之，如《摩訶止觀》云：「和光同塵，結緣之始。八相成道，以論其終。」又如觀音菩薩的普門示現便是一種詮解。

2 張伯端《悟真篇》：張伯端（西元 987~1082），平叔，一名用成，號紫陽，人稱紫陽真人、悟真先生。北宋台州人，今浙江臨海。熙寧八年(1075 年)作《悟真篇》，乃道教南宗內丹修煉的主要經典之一，全書以詩詞歌曲等體裁寫成。

3 「志士若能修煉，何妨在市居朝」：原文取自《悟真篇》當中的〈西江月〉之二：「此藥至神至聖，憂君分薄難消。調和鉛汞不終朝，早覩玄珠形兆。志士若能修煉，何妨在市居朝。工夫容易藥非遙，破人須失笑。」

報四重恩，下濟三途苦」[4]，如上疏懶，正是「知茶人的一心一意」。

2. 解痴

許多茶人對於文藝的成就陷入痴迷，甚至充滿狂熱而不能自拔。其實、茶道所以養生，並非利潤或激情所致，而是惜茶；從靜意養心，讓人放下煩惱浮躁，看清問題的邏輯與情況，忖度時勢而謀劃解法，吾人才有靜水深流的事業可行。這才是解癡：提昇自身覺知後應當學會包容人事，同時看出理路而解除困厄。要言之，與博學的惜茶者言談之間，能夠振聾發聵是矣。

正直的修養，包含了科學的落實與哲學的理念，進而達到覺察的明白心。心境越平穩，越具備智慧與寬厚的仁義。惜茶者就好似宇宙境中人，從太空看地球，體會世間滄海一粟，覺醒當下而成長！遍歷大千之眼界，總持[5]大悲之心靈，貫通虛實之真際[6]！人的廣闊無礙在於居處形而下的萬象，同時追尋形而上的實相，如沐解癡，正是「惜茶人的一期一會」。

3. 識幻

許多人因為自身的慾望，往往產生幻覺來回應自我與滿足自己。此等人事普遍常見，多半是趨吉避凶的心態所導致。幻覺產生

4 「上報四重恩，下濟三途苦」：此為佛教朝暮課誦、講經說法時的迴向語句。

5 「總持」：此為佛家用語，據陳義孝的《佛學常見辭彙》所釋，乃「總一切法和持一切義」的意思。

6 「真際」：此為佛家用語，用以指宇宙的本體或現象的本質，東晉時的僧肇，撰寫《物不遷論》中提及了「不動真際為諸法立處」。

後，舉幻為真，反而耽誤平生應當努力的事情，形同妄想。此外，幻覺也是精神疾病的先兆，需要警惕。故此，習茶中出現感應幻覺也要放下，有識者當能隨幻來去，這就是煮茶者所應保持的應無所住心[7]。

誠所謂「知幻即離，不假方便，離幻即覺，亦無漸次」[8]，入幻而不覺的情況往往讓人不人、鬼不鬼、神不神、仙不仙地飄渺茫然；許多茶道儀式與行徑落入幻境，實非煮茶本心，如寄識幻，正是「煮茶人的一來一往」。

4. 息狂

多年積累了煮茶的經驗與技巧，茶師與茶客也容易忽略了在侍茶中滋養謙卑為懷的慈愛，反而透露出自我中心的壓迫感與表現慾，這類傲慢表現在看不起他人與新進，甚至舉揚自己是得道者，或是成就者，反應出茶人主客間的貢高我慢。

由於侍茶成為一門學問，或談流派、或說茶藝，每每養成「最如何、最什麼」的意味。傲慢中在輕忽利他的侍茶職志，這個毛病恰恰是侍茶者要對治的！侍茶目的在於謙和利生，如悟息狂，正是「侍茶人的一舉一動」。

5. 止亂

7 「應無所住心」：此語出自《金剛般若波羅蜜經》，簡稱《金剛經》，原文知幻即離，不假方便，離幻即覺，亦無漸次」；此語出自《大方廣圓覺修多羅了義經》，簡稱為《圓覺經》。「是故須菩提，諸菩薩摩訶薩應如是生清淨心，不應住色生心，不應住聲香味觸法生心，應無所住而生其心。」

8 「知幻即離，不假方便，離幻即覺，亦無漸次」：此語出自《大方廣圓覺修多羅了義經》，簡稱為《圓覺經》。

習茶過程各種人事總能聽聞一二，有些人確實身體有病、卻又固執異常，排除了住院醫療，只是以喫茶與其他偏方來治病，不論你我有無見過這種病患，他們多半表面正常，內心混亂，不願接受醫療的心裡障礙，使得他們格外極端，或是尋求怪力亂神之說，品茶者不可不慎。

有鑑於普洱茶養生是正當理性之事，雖有認同「醫食同源」的茶人，仍不應以普洱茶有療效等等來推廣，凡身體有病者，更不宜只是喫茶而忽視病情！說穿了，誠實的品茶者必須秉持「如人飲水，冷暖自知」[9]的態度，讓養護精氣神的喫茶成為日常生活的行動，品茶總要務實而不誇大。相對的，切記有病看病，不能誤用飲茶的養生之道，如聞止亂，正是「品茶人的一言一行」。

6. 破邪

人心不古，今世多有思想偏差而走火入魔的商賈，驅策謠言毀棄別人、假冒信仰吸引他人，這一切與特愛名利、權勢等等有關。這類偏見邪命，見機行事而自詡優異，常常在社會上魅惑世人，抑或暢敘神通妄為，有的甚至以傳遞心法來教授茶道，自成一脈。話說回來，一切唯心變造，「何期自性、本自清淨」[10]？不如以茶來步步為營，轉化一切邪佞！試想：習茶者必須鍛煉知見、珍惜此

9 「如人飲水，冷暖自知」：此為禪宗用語，用以比喻內心證悟之境界，原典出自唐朝裴休所集的《黃蘗山斷際禪師傳心法要》云：「明於言下忽然默契，便禮拜云：如人飲水，冷暖自知，某甲在五祖會中，枉用三十年工夫。」

10 「何期自性、本自清淨」：此語出自《六祖壇經》自序品第一。

生、陶冶技藝、服侍眾人、品鑑茶食、茶養人，如此唯心淨土，才能真實成就習茶道業，通達直心道場、顯明維摩獅子，吾人當以茶來結交智慧人與善法友，窺知許多外界邪法的引誘力，卻不受盲目群眾的假意誘導與茶圈買賣的負面影響，才是深心茶、明白養生的隱逸人！

如此一來，茶者能否悟達幽玄[11]，以此琢磨普洱茶的用藏[12]、不落我法二執，建構好 茶來化育喫茶者，是很有未來的一份道業！同時，茶也是心之所嚮，自然排遣酒色賭毒這類邪命之人，彰顯茶室恰如道心，乃真實清淨地無疑。好比《西遊記》雖然妖怪強勢橫行，進德修業如唐僧歷經磨難，終至西天淨土，如實破邪，正是「茶人的一步一印」。

綜合而論，元春兄的普洱茶一書，確實是用筆精確、用意詳實、用心豐富的文集，適合反覆閱讀與索引。讓我們開啟健康養生、反觀事理，還能清淨自身、無為和樂，透過普洱茶的追尋，證成了表裡一如的謙謙君子，元春兄慧解，如師如友；能持正念與行正道，啓發你我靈明之心，以普洱茶海來融入習茶六點，捨離世俗的種種不良，足見喫茶乃真福德也！

所以，有志於普洱茶的朋友，不妨經由習茶來脫落煩惱，清淨

11 「「幽玄」：此詞出自《後漢書》記載漢少帝所作悲歌：「天道易兮我何艱！棄萬乘兮退守蕃。逆臣見迫兮命不延，逝將去汝兮適幽玄！」而在日本則常見於佛教用語，如最澄《一心金剛戒體訣》提及：「得諸法幽玄之妙，證金剛不壞之身」。又如空海《般若心經秘鍵》提到：「釋家雖多未釣此幽，獨空畢竟理，義用最幽玄」，在於強調佛法的趣旨奧義。後經藤原俊成等和歌論家，發展成為一種審美意識，崇尚餘情之美，亦即講究境生象外、意在言外，暗喻心靈的超然物外。所以幽玄正是「不可思議的體悟」與「不可言說的實證」，比如微妙之法。

12 「用藏」：此為「用行捨藏」之略，出自《論語》〈述而〉云：「子謂顏淵曰：『用之則行，捨之則藏，為我與爾有是夫！』」，比喻善用資源與學養，可以利己或利人。

心性，體會本書娓娓道來的普洱茶樂。元春兄時時應機設教、隨緣問訊、發人醒覺；「茶禪一味」已然為本書座右銘！筆者拙言，期望自我教證，萬萬不可在喫茶志業上誤入歧途。願以此習茶六要來隱喻喫茶即行禪，共勉於讀者，甚幸！

高野美術有限公司美術總監、雅道講師　陳彥璋

古董生活實用器物　陳彥璋收藏

線香，打坐時聞其香，隨即進入六識均安　陳彥璋作

增訂三版推薦序

能知必能行

與元春兄的相識確實也因古樹普洱茶而起，多年前的一席茶聚，結識了元春兄，並讓本人也一頭栽進了古樹普洱的世界。本人從事教育工作四十餘載，一直秉持著事必躬親，實事求是的精神，兢兢業業的專注於將本職學識傳承、教授、解惑；在未深入接觸前總對普洱茶的印象停留在港式飲茶的品飲經驗中，直到元春兄的一席話才真正是敲開了古樹普洱的大門。與元春兄一同經過多次茶山的往返考察、研究，並仔細研讀考據古今中外的史料書籍後，終於得以拜讀元春兄的大作——《古樹普洱茶記》一書，可說是嘔心瀝血、得來不易，若您細細一讀必可習得真知正見，心有所感。

元春兄的真知灼見，以科學化、有組織、有系統的將古樹普洱茶搜集、採訪、整理，經過多次的條分縷析，分門別類的從茶趣的認知，以便讀者了解普洱茶的茶氣、茶韻、茶香、滋味；進而探討養生與保健功能，使人從基本的品茗生

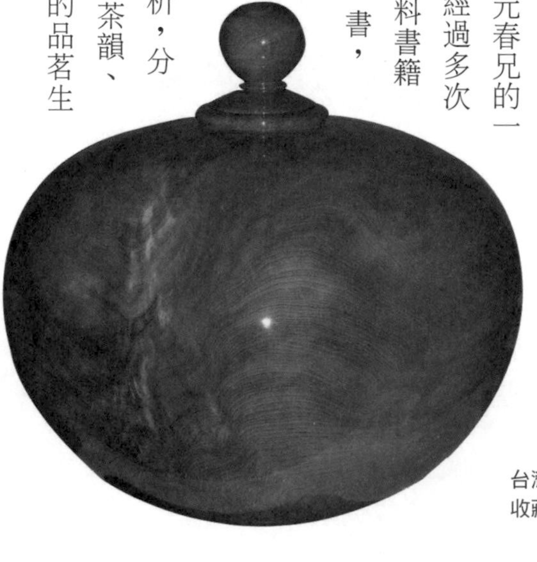

台灣檜木聚寶盆　張水明先生收藏
收藏古樹普洱茶，猶如擁抱聚寶盆

活，更能慢慢理解體悟到古樹普洱帶給人多少的功能。

由於元春兄寫作的嚴謹，思考的縝密，加以多年來的採訪編輯，所以能將龐雜的資料，一重又一重的爬梳剔抉，而得以鉅細靡遺的呈現給讀者。由此浩大的工程，也可得知元春兄的沉穩；所以它所呈現的知，是一個可靠的真知、可讓人信賴的真知，透過它可讓讀者從知、定、靜、安、慮的過程，而獲得可信賴的成果。

由於真知的獲得，因為相信而產生的力量，必然是肯定的行

法藏　紫砂泥塑　文井作　作者收藏

動，所謂：「能知必能行」，所以讀者便能從生活的品質中而獲得啓示。古樹普洱不只是平時生活中所需的柴米油鹽醬醋茶，更是可加以張羅採購、收藏，做為一種穩賺不賠的投資工具；而且隨著歲月的流逝，會更加的提高它獲利的水平，這是元春兄在收藏篇中，教您如何評選、認知，收藏古樹普洱茶的各種必備條件，讓您一覽無遺，這也是收藏能力提升的必要條件，如此方能從品茗中，更進一步的走上收藏、玩賞、投資的境界，這便是「知是行之始」。

所以「心動不如行動」，若您能感受到元春兄寫作本書的真意而啓發您，進而有收藏的心動，而且由深知其理，故而行動，便可義無反顧，進而提升生活的品質，更可引領您走上穩靠的投資路，所以說「行是知之成」。

人生至此，何樂而不為？這也是元春兄無私的奉獻，把古樹普洱最真實的一面，誠懇的告知讀者，如您有心，便可將此書珍藏，做為日後檢視的工具。古人有謂「如人飲水，冷暖自知」，由於您的拜讀，將是元春兄最大的心願。

泰北高中前任校長　**張水明先生**

台灣檜木香氣獨特，在全世界檜木材料中，為日本皇室所獨鍾，現代更為藏家所珍寶，天然紋理之美巧奪天工。　張水明先生收藏

降龍羅漢　紫砂泥塑　作者收藏

首版推薦序

何止於米 相期以茶

茶在華人社會裡，是生活的一部分，自古即有「柴米油鹽醬醋茶」開門七件事之說。在文化意義上，茶通六藝，文人藉茶表彰精神意義；禪宗門派家風，藉茶啓悟門徒，以入佛道證悟。

日本茶道最早提出米壽和茶壽之說，意指八十八歲和一〇八歲之意。[1]顯然，喝茶有益健康，可以延年益壽。今藉一幅對聯：「何止於米，相期以茶；論高白馬，道超青牛。」[2]為本書序文，願我茶友，都有此米、茶之壽。

若論當代著名大師馮友蘭、邏輯學大師金岳霖，對生命意義的更高期許，應是從米到茶，含有出凡入聖的期待；願我茶友因茶而得到更多心智的啓發，是儒、是道、是禪，皆成「大成就」者。

古樹普洱茶收藏家兼專業經營者丁元春先生，提出古樹普洱茶的論述，從原料到品質的掌握，皆是精闢見解，更將對古樹普洱茶

1 所謂米壽指的是八十八歲，因為米字看起來像八十八；茶壽意指一百零八歲，茶字的草頭代表二十，下面有八和十，一撇一捺又是一個八，加在一起就是一百零八。

的茶氣、茶韻、茶香、滋味的體會和知性、感性的美學概念介紹給讀者，引領茶友進入品茶的美學趣味領域。

更上層樓地提出茶禪生活與家風的概念，從古代儒家和禪宗的文化思想、教育方法上，引領茶友們過著一種愉悅自在的茶禪生活。

值此普洱茶產業和文化復興之際，願介紹這本書給茶友們，共享愉悅、自在的茶禪生活。

國營黎明茶廠廠長

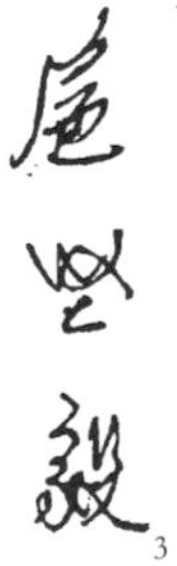[3]

二〇一〇年十一月三日

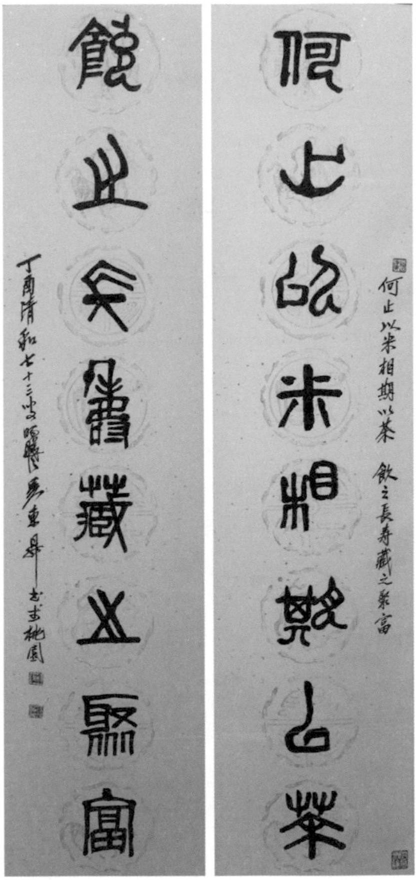

2 一九八三年，哲學大師馮友蘭與好友邏輯學大師金岳霖同做八十八歲大壽時，寫了一副「何止於米，相期以茶；論高白馬，道超青牛」的對聯送給金岳霖，一方面推崇金老的哲學底韻媲美佛家、道家歷代祖師的思想，另一方面則表達了二十年後一百零八歲時，期待與金老再相聚的願望。

3 現已退休

一九八四年五月动工
一九八六年十月竣工

作者與卸任黎明茶廠
廠長扈堅毅先生合影

首版推薦序

事觀、理觀皆可入思，而終止於定，可生大智慧

心之為用大矣哉，事之紛擾皆由心而起，故紛爭之止息，全賴心之正定，心定而後萬事平和，人之相處也因平和而相親。

品茗雖是俗事，但從栽種、採茶、製茶、喝茶等過程中，便可靜悟人生哲理而從中獲得真理。縱然是一舉手、一投足之間，何嘗不是學問。古人所謂格物便能致知，能致知便能誠心，心誠則心正，這層工夫在靜心、品茗下，便可逐步完成。這種過程與禪之止觀何嘗有異，不論事觀、理觀皆可入思，而終止於定，而生大智慧。儒家所謂內聖的工夫，不亦是如此。正心可以修身，而成聖

人；止定而生大智慧，聖人即是大智者。故品茗即是進入禪境，修成禪道之路，也是我輩追求聖賢之路。因而品茗雖是俗事，也是人生不可少之大事也。人人多品茶，世事少紛爭，豈不善哉！

吾摯友丁元春兄，也是悟道之人，懷有修身齊家之心胸，願天下人人皆能平和相親，故經多年靜思而完成此作，於人於己皆有可為，實可稱賀。於此不揣淺陋，執筆修序，旨在誦讚丁兄之一片誠意，也希望讀者能擴大丁兄之胸懷而更有益人心。

私立泰北高級中學校長　張水明[1]

二〇一一年元月

玉雙龍耳活環龍鳳獸面紋香薰　作者收藏

1 民國一〇五年八月退休

首版推薦序

茶鼎夜烹千古雪，花影晨動九天風

石几梅瓶添水活
地爐茶鼎煮泉新
古今天地無窮盡
愧我其間作散人

宋・方逢振風潭精舍月夜偶成

元春兄終於出書了，於公於私我都要先恭賀他。出書畢竟不是一件容易的事，從所知、所感到匯聚精力，一字一句化為文章。孕育一本書雖不若女人懷胎十月之辛苦，但也相去不遠，其中酸甜苦辣，百味雜陳，非親身體會極難有切身感受。

與元春兄相識逾十年，但互動頻繁應自九十二年元月起，我剛由台証綜合證券財務長轉換工作至股務代理部，當時元春兄為部門協理，負責業務開發，我雖為其主管，但因元春兄之年齡及閱歷均較我為豐，（元春兄曾任職於聯合報系中的經濟日報、聯經出版公司，隨後參與吳東昇董事長的政治志業和文化事業，歷經二十五年的鍛鍊，然後才轉任台証股務代理部，擔任業務開拓工作。）故我總視他如兄長，邀我寫序，雖無江郎之才，仍勉力為之。

元春兄給我的初次印象是自律甚嚴，思慮縝密，話語不多。記得剛接股務代理部時，我曾問他每年都要增加那麼多家客戶，做得到嗎？他只跟我說了一句話：「認真做，就做得到！」我聽了半信半疑，沒想到幾年過去，累積增加的客戶數，在同業中竟然名列前矛，從元春兄的行動中，我總算體會到點點滴滴的動力，終能累積出驚人的成果。

一年前，他經常在言談中提到要出一本有關普洱茶知識與人生體會的書，我相信元春兄是一個對自己認真負責又不妄語的人，他說得出，就一定做得到。不出所料，藉著他數十年的生活經驗、生命體會與茶知識的累積，書終於要付梓了，但大出我意料之外的是沒想到書的內容是如此的豐富。我茶齡近三十年，終日飲茶，過喉茶種無數，又喜閱讀雜書，自詡半個茶人。仔細捧讀元春兄的原稿，方知茶葉內容之豐富與選擇之要訣，較之我的單純消費者思維，真是：「欲說還休，欲說還休，卻道天涼好個秋。」元春兄對雲南古樹普洱茶的用心鑽研，包括原料、產區、品質特徵、茶氣、茶韻、茶香、滋味及茶葉的選購均詳加著墨，對初入門及喜愛普洱茶的讀者肯定裨益良多。

最後四個章節論及茶道與生活，更是本書最具特色的部份，相信元春兄應作足了功夫，以自身的生活經驗、生命體會再融入大量閱讀的禪學公案與佛學經典，才能將茶、禪、佛學與生活藉著無數個故事描述得饒富興味。我逐篇細讀，感悟不斷，故事中的吉光片羽，值得讀者細細品味。

走筆至此，夜已深沉，中天寂靜，但思緒不絕。「但覺夜深花有露，不知人靜月當樓」的情景突在腦中浮現，元代山水田園詩人黃鎮成「茶鼎夜烹千古雪，花影晨動九天風」的深意與豪情也自心中緩緩昇起。「茶葉情懷總是詩」，此際心情更能體會。

最後，預祝元春兄出書順利，並期盼讀者從書中獲得的不只是普洱茶的專業知識，更能進一步將茶、禪與佛學融入生活中，使您的心靈更豐富，生命更圓滿。

台新國際商業銀行理財商品處股務代理部 副總經理　戴國明

二〇一一年元月

丹鼎壺 周躍彬作

首版自序

迷上陳年普洱茶

「一開始就做對」是管理學界的一句格言，長期以來也是我職場奉行的準則；收藏普洱茶近十年，亦秉持同樣的精神和態度。著手寫這本書，就是希望茶友「一開始就做對」。假設您四十歲開始收藏普洱茶，過了二十年，才發現當初選擇收藏的茶並非珍品，則平白浪費二十年時光，再從頭，下個二十年，就已經八十了！雖說：「何止於米，相期以茶」，但總是憑添遺憾。

一九七四年進入職場，三十五年來，茶不離身，餐桌上、工作檯上，茶始終是我不可或缺的飲品。從烏龍、鐵觀音、包種、東方美人……等當季新茶，喝到陳年老茶，最後讓我情定於一的，則是陳年普洱茶。是機緣，也是茶性和個性的相融會。

說起我與普洱茶的機緣，最早接觸的，當然是港式飲茶的茶飲；爾後是漁船走私進來的各式茶磚。可能是大眾化商業性茶飲的關係，這些對我而言都不構成吸引力。直到一九九四年，因陳定國博士的關係，由卜峰集團的泰國母公司正大集團安排到杭州、上海、北京考察，在杭州青春寶製藥公司的招待過程中，第一次讓我對普洱茶的口感、陳香、氣韻感到震撼！從此開啟了我對普洱茶的探索與品賞的樂趣。

之後，經由好友彭金盛先生、三峽老街的林明進先生、臺北敦化南路「傳燈有伴」的老闆劉永湫先生，以及我現在的老闆戴國明副總經理的引領，自此迷上陳年普洱茶，並踏上收藏之路。

彭金盛先生對茶的研究深入，且多才多藝，待人誠懇，我在他身上學到各種普洱茶的辨識基礎，開始收藏

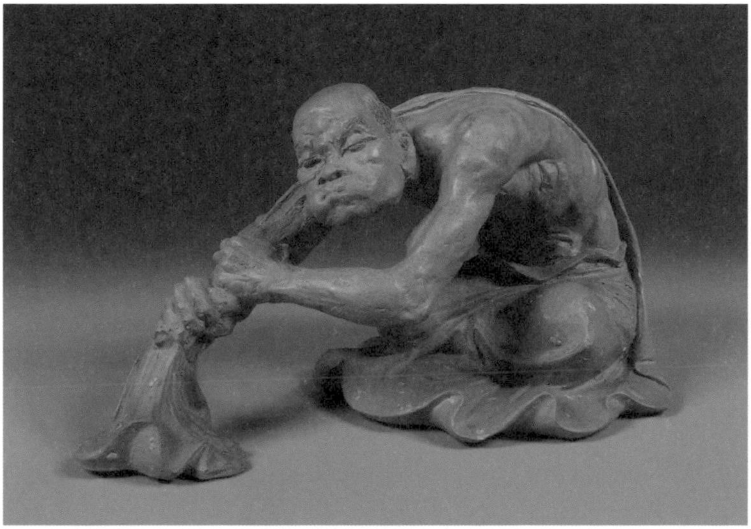

老普洱茶的魅力，令人難以自拔

自拔　徐秀棠作　坐八怪之一　丁文章收藏

了少量的一九八〇年代的寶熖牌班禪緊茶、一九八八年江城野生茶磚、一九九七年中茶紅印圓餅茶、二〇〇一年中茶黃印七子餅等，現在回頭來看，都增值不少了，真要謝謝他。

三峽老街，有間店只開著一扇小門，老闆林明進由於家學淵源，年輕時就從香港買過各種頂級普洱。又其人脈寬廣，從富商巨賈、達官貴人、書香世家到販夫走卒，各階層的朋友都有，例如雕刻大師朱銘先生便是他的忘年之交，故常會收到奇特的普洱老茶。絕品老普洱茶，若是量不多，常成為林老闆的非賣品，只留待與朋友分享。因此我才有幸品賞多種奇珍異品，更沈浸在老普洱茶的魅力之中，難以自拔。

至於傳燈有伴的劉永湫先生，陳年普洱茶存量驚人，百年頂級普洱泡出來的湯色、氣韻、滋味，我就是在他的店裡喝到的。以日本古董銀壺煮

日本明治時期霰形銀壺與高橋敬典作炭火鉢組

水，古董紫砂壺沖泡老茶，百年瓷杯盛裝茶湯，觀其湯色、聞其陳味，一杯入喉，頓覺甜潤生津、氣機通暢，杯底一圈琥珀色存積，紅艷純透，禁不住要讚嘆：此物只應天上有，人間哪得幾回嘗。劉兄在老普洱茶的境界，如此不凡，也影響我對茶品與茶器的講究。

最要感謝的是我現在的上司——戴國明副總經理，他凡事善念出發，樂善好施，對同仁的事情、朋友的困難，無不鼎力相助。其收藏西周、春秋、戰國、秦漢時代的古玉數量之豐，嘆為觀止。約七、八年前，他知道我正在研究老普洱，即送我一片福元昌圓餅，我當下就約了老友彭金盛、經典茶坊李蔚文、我老弟……等人，於李蔚文店裡試茶，結果考倒一堆專家，有說這個茶不對，有說是苦丁茶做的，其味苦難入喉，大家都敬謝不敏。在想一探究竟下，我帶著茶再請教另批專家，才知是鳳山苦茶；查閱典籍記載，謂此茶須存放四十年以上，才能散其苦味。我細看此餅已鬆開了，至少超過四十年，應是一九五〇年代的產品，就用一個紙袋裝著，放在窗檯通風而不會曬到太陽的地方，一個月後，再拿出來泡，其苦味已全退，微苦的回甘，那種感覺，就像甘泉湧出，源源不絕。經過這次領會，對於普洱茶的奇妙變化，更覺引人入勝，令人期盼、著迷不已。

古董青花瓷杯

經過這些年的歷練和親身體驗，生茶轉化的老普洱茶，其滋味隨時間、存放條件的不同，時時會有令人震撼與驚艷的感受，信而有徵！

在收藏普洱茶的過程裡，真正讓我把存茶量放大的，主要是個人資產配置的重新思考和架構，以確保資產的增值、變現有一定的規則，讓退休生活保有愉悅和自在。

從一九九四年到二〇〇八年，我對普洱茶存放的增值潛力，已有一定的認識和信心，但量一直沒有放大，主要是長期工作在經濟和金融領域，投資機會頗多。

二〇〇八年行政院主計處和立法院預算中心分別公布了中華民國負債加潛在負債，總額高達十九・一兆元，佔當年ＧＤＰ的一百五十三％，且主要負債是退撫金和公務員的優惠存款利息差額補貼及勞保給付等與老年福利有關的潛在負債。[1]一般人看這數字，可能沒有什麼反應，我的反應是：積極思考調整資產結構。

亞州金融風暴對韓國及東南亞等外債高築的國家造成貨幣大貶值，記憶猶新。中華民國這樣的負債，新臺幣結構的貨幣資產有一定的風險。因此決定把「古樹普洱茶」當成資產配置的一部分。於是增加一九九二年中茶紅中紅、一九九七年中茶紅印等十年以上的

1 根據主計總處二〇一二年五月最新資料，去年各級政府潛藏負債達十四・九九兆元，較前年大增一・九七兆元；若加上去年底中央政府長期債務四・七七兆元、短期借款二七九一億元、非營業基金舉債七二一八億元及地方政府長期債務七千多億元，去年政府總負債已達二十一・四七兆元，較前年增加二・三兆元，換算平均每人負債約九十三萬元，短短一年就增加十萬元。

老茶。這三年來，已經佔資產的相當比重了！

說來也是機緣巧合，中國普洱茶由於炒作過度，二〇〇七年底普洱茶大崩盤。因此二〇〇八年、二〇〇九年都能精挑細選，找到一些質精價合理的古樹普洱茶，有二〇〇三年、二〇〇四年、二〇〇五年三個年份，如：班章王、黎明珍品及雲南同慶號。二〇一〇年由於雲南大旱，價格又回升，古樹茶更回到二〇〇六年的水準，現在回頭看這批茶，已開始有價差出現。

行政院主計處二〇一〇年八月底公告的負債，中央政府負債到二〇一一年，將再增加一・三兆元。二〇一〇年十二月九日，財政部仿效美國設置「國家債務鐘」，於財政部大門電子看板及網站公布國債訊息。看來，政府要降低負債幾乎不可能，主要是人事費及退撫金根本無法降下來。退休人口日增，平均壽命延長，若無極大的魄力及放棄選舉勝負的考量，減低政府負債變成幾不可能。政府是存在著財務危機的，望我茶友善自思考，採取措施，妥為安排資產於安全環境和可變現的結構系統裡。

居於個人長期探索的經驗，建議茶友們，若喝新茶，以古樹普洱茶為佳；若要收藏，更一定要古樹普洱茶。至於如何選購頂級古樹普洱茶，我以：古樹茶的原料與產區、品質特徵的形成、倉儲的

註：截至二〇一六年，政府債務七點一七兆，潛藏債務十七點八五兆，合計二十五點〇二兆，政府潛藏債務未計入既成道路徵收要三兆，公共設施保留地要六兆。

註：年金改革立法後潛藏負債會降低，具體數字三年後較明確。

環境、評選的依據等幾個章節來和茶友們交流，接著再以茶趣為主軸，介紹普洱茶的茶氣、茶韻、茶香和滋味的欣賞，並對品賞老普洱有深度的說明。

本書另一個核心價值，在於提出茶禪生活的主張，藉著茶禪生活的質素，以茶論禪——和尚家風、茶禪家風——傳燈永續、生命願景的圓滿等幾個章節，來詮釋茶禪生活，一種愉悅的生活品質、自在的生命願景。

最後，祝禱我的讀者、茶友們：

遍啟潛能般若增
人間福慧享不盡
慈悲喜捨迎人事
生命自在且圓滿

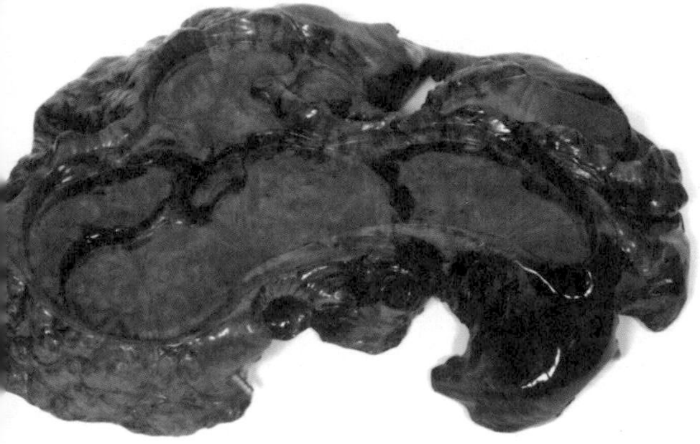

意靈芝茶盤

圓滿
金色流瀑　許朝宗作　作者收藏

增訂版自序

財經動盪的未來，唯安住的心是賴

感謝讀者對本書的厚愛，第一版三千本於一年時間售罄，決定再版時，懷著戒慎的心情，重新檢視書中論點，同時收錄讀者的回應，這些都是讀者深刻的智慧之見與分享的熱情，特此致謝！

展望未來三年，財、金、經的動盪勢不可免，看歐元區國家的債務問題，相信讀者們已從大眾媒體中略知大概，這裡用彭博資訊指出的一項資料，您將有更完整的數據。G7和金磚四國，二〇一二年到期的債務有七．六兆美元，如果加計利息，共須償付逾八兆美元，這個結果導致多數國家再融資的成本攀高。

中華民國的情況是：中央政府法定負債新台幣五．一三兆元，加

註一：中華民國二〇一六年，政府債務的潛藏負債達二十五點〇二兆，而潛藏債務中尚未加入既成道路徵收的三兆及公共設施保留地徵收的六兆。

註二：中華人民共和國政府二〇一六年債務（中央加地方政府）二十七點三三萬億人民幣（資料來源：中新網）

民間債務以不動產債務風險最大，被外國機構投資人稱為全球三大泡沫之一，A股一三六家房企股到二〇一七年第三季帳上負債合計六點〇四兆人民幣，利息支出形成泡沫已撐至極大化。

中國財政部長肖捷日前釋出

入潛在負債十三兆一百九十一億元，其影響已在前篇序文中提及，這裡不再贅述。

中華人民共和國的情況，由於數據不清楚，這裡不予評論，但它對於中華民國的影響，已經大於G7國家。

這些財政、金融的結構性大債務，自二〇〇八年美國的雷曼風暴形成金融海嘯，接著二〇一〇至二〇一二年歐元區債務危機、中國的地方債展期償還，形成的財政、金融和政治動盪互為糾結，導致人們無法預估中、長期的未來。國家債務和世界級的金融機構一再出問題，讓人們驚覺到，沒有任何資產是絕對安全的。

也因為是全球化的時代，大經濟體的動盪立即波及全球各大小國家，而政治領袖在處理金融危機時，往往衡量對自身政治前途的利弊得失，使得財政改革變得困難重重。

我依可見的財、金數據推論，未來三年，財經動盪、人心不安勢不可免。人們無法不受大環境的影響，但要生存發展且生活得愉悅自在，唯安住的心是賴。怎樣有安住的心，請讀者參閱本書輯三〈茶禪生活〉篇的論述，這是獲得愉悅自在生活的核心。

在真實生活層次的作為上，這裡提出二點管理階層熟知的常識，供大家互勉！

明確訊息，確立要推進房地產稅立法和實施，屆時中國房市非理性的繁榮將結束，房地產業呈軟著陸或破產，有待觀察

註三：G7及金磚四國二〇一六年到期債務七點一兆美元，加計利息七點八兆美元，但中華人民共和國二〇一六年到期債務二五四〇億美元，增幅百分之四十一，為主要經濟體之冠（資料來源：彭博社）

一、沒有一個飛行員在起飛前不核對檢查清單的。

二、如果您起步時沒成功，您的滑翔遊戲也就玩完了！

這是大家耳熟能詳的常識，但真正執行時卻常掉以輕心，導致意外頻傳，大者喪失生命，小焉者，破財傷身，生活諸多挫折。值此可見的動盪時節，人心必然浮躁不安，期盼我的讀者們，在生活、投資和行動前，都有自己的檢查清單，且真正落實去做，平安自在其中。

最後，對積極向上追求卓越成就的讀者們，企業界常用的一句話，您應該還記得，即是：「**需要新的能力卻還沒有學會的人，其實已經在付出代價**。」因此，積極做好準備，嚴守組織紀律，加上耐心與決心，同時認清自己的優勢，在能力範圍內參與競爭，這樣，生涯的歷程必將成功的多，挫折的少，愉悅自常在。

讀者們，當您有顆安住的心，行動上確實運用檢查清單，加上準備、紀律、耐心和決心，那麼動盪的二〇一二至二〇一四年，反而是您運用動能且扶搖直上的契機。祝福您！

二〇一二年三月一日

註：本文雖寫於二〇一二年三月，經過時間的檢驗，現在二〇一七年十二月，依然雋永，故把新的數據以「註」加以說明，可見二〇一八到二〇二〇依然是金融、政治危機，蓄積更大的爆破能量。處在這未可預知的未來，「安住的心」依然是生活自在之所依賴。

天青葵花式缽　曉芳窯　蔡曉芳作　作者收藏

茶

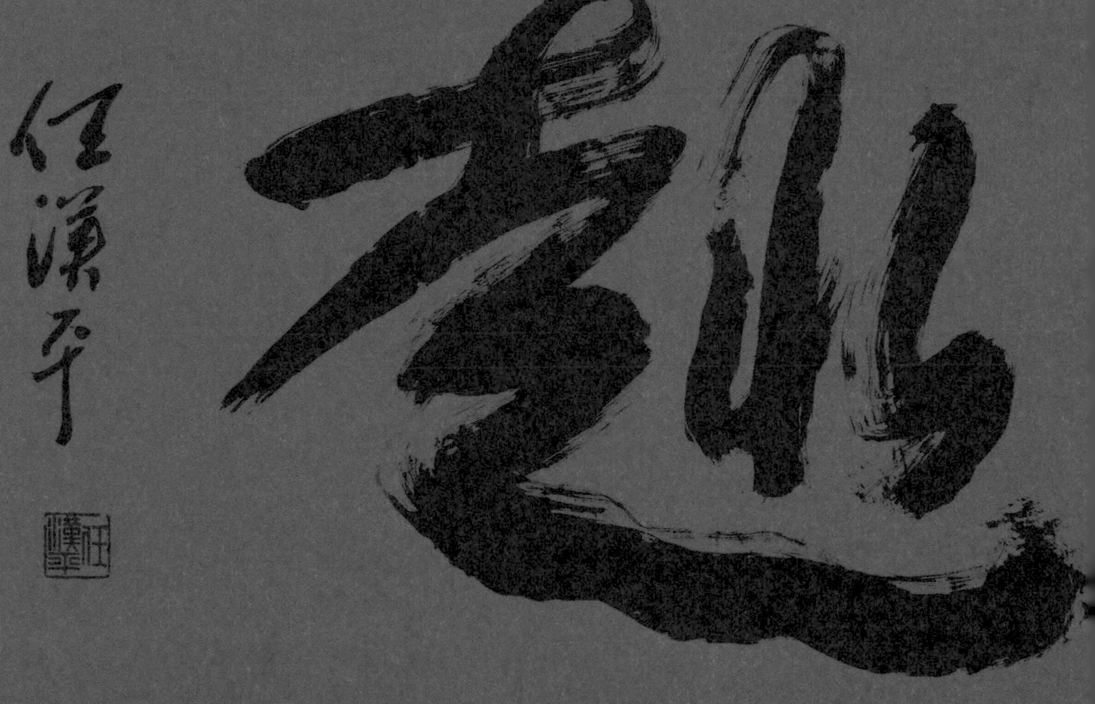

輯一 茶趣

喝茶的樂趣，試了就知道！

茶文化之於漢民族，是皇帝、士大夫、修行者、市井平民共同的喜好。雖然受西方飲食文化的影響，咖啡在華人世界相當普及；若論品賞樂趣，市井平民的養生保健，或文人士大夫的品賞創意，甚至精神上的意義，乃至皇帝的怡情、養性，茶都是必要的助道品。若論中國各茶種的品賞樂趣，當以普洱茶為勝。

茶趣

中國人是只要有一只茶壺，到哪裡都很快樂的民族！

文學大師林語堂

大漢民族文化傳承，藉品茶以養德行，也是人生清淨的源頭活水。

唐朝時期，劉貞亮先生即提出飲茶十德的見解：以茶散鬱氣、以茶覺睡氣、以茶養生氣、以茶除病氣、以茶制禮、以茶表敬、以茶賞味、以茶修身、以茶雅心、以茶行道，顯見茶跟人的生活息息相關。

飲茶在修身養性中的地位，在唐朝時就有相當深刻的見地，是文人重要的生活品味。到宋朝時，皇帝貴族好茶成痴。上有所好，下必盛焉；況且宋朝是漢文化昌盛的時代，人們對品茶的環境、禮節、程序、方式都極講究，此即通稱的「茶道」。並傳至日本，由千利休和尚發展出一套「四規七則」的茶道文化，後面提到茶禪一味時再做詳細討論。

宋徽宗認為茶的芬芳品味，能使人閒適寧靜，趣味無窮。至若茶之為物，擅甌閩之秀氣、鍾山川之靈稟、祛襟滌滯、致清導和，則非庸人俗子可得知矣！

乾隆皇帝嚐遍大清帝國名茶，遍尋各地名泉，當他八十五歲時，向御前老臣透露隱退之意，老臣說：「國不可一日無君。」一生好品茶的乾隆皇帝卻端起御案上一杯茶說：「君不可一日無茶。」乾隆皇帝是長壽的帝王，延年益壽的方法很多，但飲茶對健康的裨益，相信也是其中之一。

孫中山先生在《建國方略》中說：「中國人常所飲者為清茶，所食者為淡飯，而加以蔬菜豆腐，此等食料，最有益於養生者也。故中國窮鄉僻壤之地，飲食不及酒肉者，常多上壽。」這無異將飲茶提升到民生的最高等，茶稱之為「國飲」當之無愧。

陸羽融合儒、道、佛，諸家思想於茶理中，著作

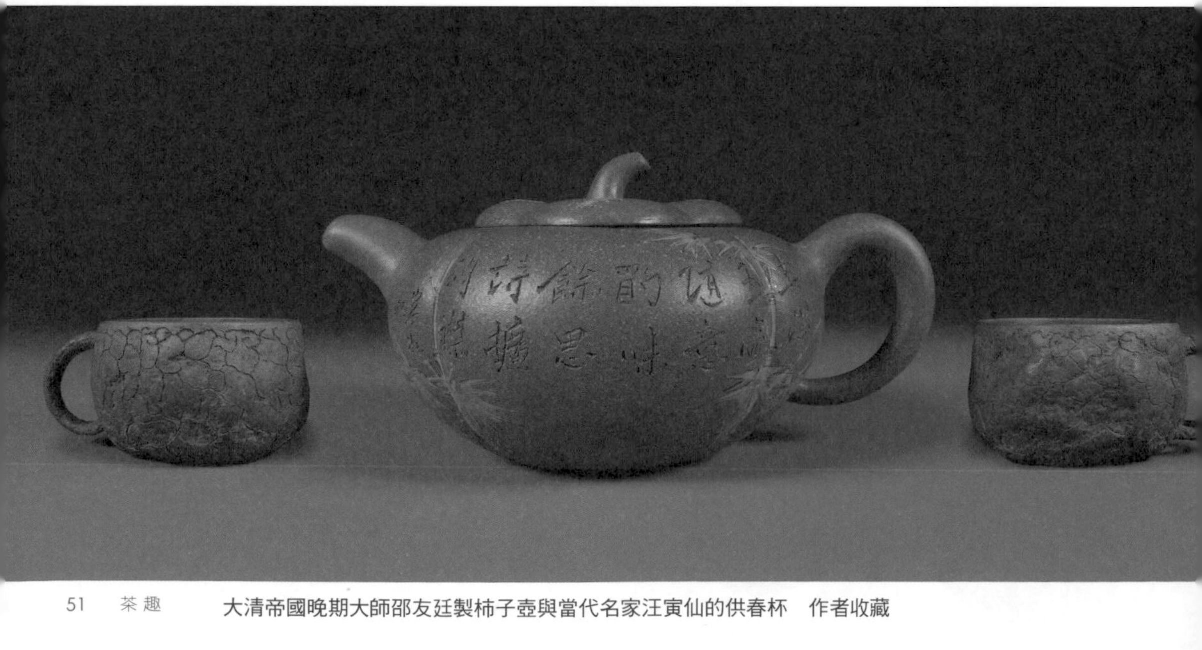

大清帝國晚期大師邵友廷製柿子壺與當代名家汪寅仙的供春杯　作者收藏

《茶經》一書，為漢民族茶文化奠定根柢。他寫下「一生為墨客，幾世為茶仙」的千古絶句。明代文徵明以「寒燈新茗月同煎，淺甌吹雪試新茶」來表達對茶的痴迷。到了民國初年，雖然時局動盪不安，五四新文學運動時期，知名文人周作人在一篇喝茶的文章中提及：「同二三人共飲，得半日之閒，可抵十年塵夢。喝完茶後，再去繼續修個人的事業，無論為名為利，並無不可，但偶然的片刻悠遊斷不可少！」

幾年後，其兄周樹人（魯迅）也為文：「有好茶喝，會喝好茶，是一種清福，不過要享這種清福，首先就須有功夫（意指時間）；其次是鍛鍊出的特別感覺。」這裡講的鍛鍊就是要慢慢培養出喝茶的境界與品味。就如初學禪坐，必由止觀入門，鼻覺茶香，舌腔盈滿茶香，緊接著觀想茶香擴散到身體的每個毛孔，感受滿身的舒暢滿足，這是只能意會不能言傳的。而普洱茶特殊的茶氣，對修行者的鍛鍊更有助益。

韓國的寺院藏茶豐富，弟子供養以普洱茶為大宗。普洱茶的濃、醇、厚，是僧侶們打坐聚神的助道品，而茶氣有助於「氣」的安定運行。八〇年代班禪大師親自參觀下關茶廠，毫不掩飾自己對普洱茶的喜愛，為此下關茶廠還特地製作一批名為寶焰牌的緊茶，專供與班禪有關的佛寺藏胞使用。這些茶現在被通稱為

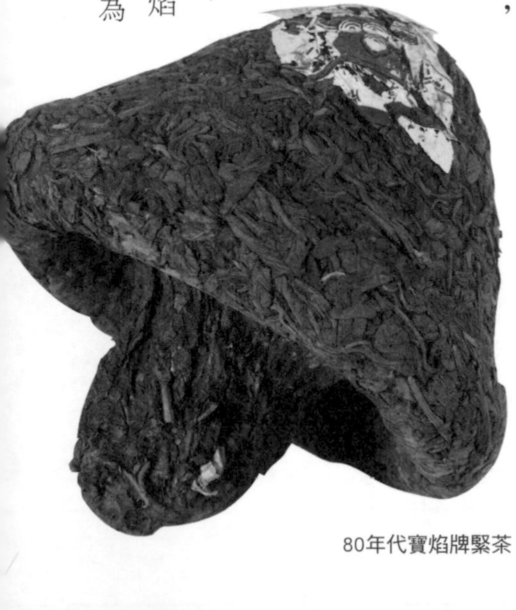

80年代寶焰牌緊茶

班禪緊茶，已成普洱茶市場上的珍品。陳年普洱茶陳香靜沉，喝後舌底生津、心神寧靜，有六識均安的效果，助修行者深入經藏，進入禪定。

文學大師林語堂先生曾說：「中國人是只要有一只茶壺，到哪裡都很快樂的民族。」茶友們，柴、米、油、鹽、醬、醋、茶，茶居最末，正是因為茶在日常生活中具有扭轉乾坤的關鍵地位。在文人世界、市井平民，是精神意義也好，生津止渴也罷，喝茶是人人可以擁有的樂趣。喝茶是最大衆化的文化精神生活型態，不像音樂、文學、繪畫、陶藝創作，需要有一些天分，對於這樣一種平易近人，人人可以擁有的，通往精神文化層次的媒介，我們怎能不去擁抱它呢？

茶友們，當你瞭解了茶文化之於漢民族，是皇帝、士大夫、修行者、市井平民共同的喜好，雖然受西方文化的影響，咖啡相當普及，若論品賞樂趣，還是以普洱茶為勝！想想看，多久沒跟親戚、朋友、同事們說：「來我家坐坐，喝杯茶吧！」這句問候語，是漢民族的待客之道。邀請朋友跟自己一起度過一段輕鬆悠閒的時光，一起分享把茶言歡的閒情逸致，也是一種豐足精神的茶禪生活。

只要有一只壺，快樂無所不在
得趣壺　何建作

普洱茶的養生與保健功能[1]

普洱茶對人體的藥理及保健作用，通過歷史記載與現代研究已證實，其具體的作用機理可從以下三個方面進行論述：普洱茶的營養作用、普洱茶的保健作用及普洱茶對人體精神上的放鬆作用。

第一節：傳統的記載

普洱茶是原產於雲南古普洱府的特種茶類。普洱茶的發展利用，從歷史、原料品種、加工方法、風味功能、品質等各方面都有其特點。查看歷史上的一系列關於普洱茶的保健功效的記述，可以從一個側面了解普洱茶醫藥保健功能的特點：

1 本章第一、二、三節，由作者周紅杰、陳文品、張冬英授權轉載自《普洱茶保健功效科學揭秘》一書中之〈普洱茶的藥理及保健功能〉。

在雲南普洱茶區，有孔明插杖茶煮水為士兵療疾的傳說，該傳說把普洱茶的藥用推到了一千七百多年前，那時的「普洱茶」其實就是雲南大葉種鮮葉直接煮水飲用。從現存有據可查的史料來看，普洱茶的藥理功能直到明清時期才得以逐步發揚光大。據清朝方以智《物理小識》說：「普洱茶蒸之成團，西蕃市之，最能化物。」這一記載說明了普洱團茶具有較强助消化功能。

李時珍採藥圖　范曾作

清朝趙學敏《本草綱目拾遺》云：「普洱茶膏，黑如漆，醒酒第一，綠色者更佳；消食化痰，清胃生津。」「普洱茶味苦性刻，解油膩牛羊毒，苦澀，逐痰下氣，刮腸通泄。」在其卷六《木部》中又云：「普洱茶膏能治百病。如肚脹，受寒，用薑湯發散，出汗即可癒。口破喉顆，受熱疼痛，用五分噙口過夜癒。」趙學敏《本草綱目拾遺》是我國清代具有重要影響的藥學典籍，該文獻提到了兩種類型的「普洱茶」，即普洱茶膏和普洱團茶，並強調了普洱茶解酒、助消化、去油膩、解毒、袪痰、通便、清熱袪寒等功能，可以看出遠在清朝時期，已發現普洱茶的保健功能與其他茶葉比起來具有其獨到之處。

對普洱茶功能有明確記載的史料還有：清．吳大勛《滇南聞見錄》云：「團茶，能消食理氣，去積滯，散風寒，最為有益之物。」清．宋士雄《隨息居飲食譜》云：「茶微苦微甘而涼，清心神、醒睡、除煩、涼肝膽、滌熱消痰、肅肺胃、明目解渴。普洱產者，味重力竣，善吐風痰，消肉食，凡暑穢痧氣腹痛、霍亂痢疾等症初起，飲之輒癒。」《思茅採訪》云：「幫助消化，驅散寒冷，有解毒作用。」《百草鏡》云：「悶者有三：一風閉；二食閉；三火閉。唯風閉最險。」風不拘何閉，用茄梗伏月采，風乾。房中焚之，內用普洱茶二錢煎服，少傾盡出。費容齋子患此，已黑暗不治，得此方試效。

普洱茶的歷史悠久，除了在種植、加工、飲用方面的歷史淵源外，其功能方面的記載也是非常久遠的。從以上記載可知：普洱茶具有較强的助消化、去油膩、解毒、祛痰、通便、清熱祛寒、祛風、醒酒等藥理功能。在中國茶史上，一般對茶的藥效功能的敘述記載，往往是泛泛地指「茶」而言，很少具體到某一花色種類上，或偶爾有人有時具體到了某一花色種類上，也只是個別的給予敘述記載，很難達成共識，唯獨普洱茶例外。可見，普洱茶與衆不同，其消食除毒等獨特的功效早被歷史所證實。

自二十世紀八〇年代以來，普洱茶在降血脂、減肥、解酒等方面的藥效引起了國內外專家、學者的特別關注，開展了較廣泛、深入的生理、藥理功能的研究，取得了一系列研究成果，也推動了普洱茶產業的迅速發展，如今普洱茶的加工工藝和品質特徵都朝著多樣化發展。普洱茶的生理功能也因產品的系列化而發生分化，對普洱茶保健藥理功能的研究方興未艾。

第二節：普洱茶中的保健成分及其功能與效用

普洱茶作為一種食品具有諸多功能，如營養功能、風味功能、生理調節功能等。這些功能的發揮是建立在一系列的物質基礎上的，如營養功能是靠其中蛋白質、醣類、脂類、維生素、礦物質、水等維持人體細胞正常生長和生理活動的功能；風味功能是指食品及其成分滿足人體視覺、嗅覺和味覺需要的功能，它依靠各種茶色素的含量和組成，揮發香氣成分和呈味物質的協同作用而實現；茶葉的生理調節功能是指食品及其成分保護機體、調節生物節律、預防和治療疾病的功能。風味功能和生理調節功能是普洱茶最重要的兩個方面，本節主要針對普洱茶生理調節功能和生化成分展開論述。

如前所述，茶葉產品的生理調節功能是建立在一系列具有生理調節功能的化合物基礎之上的，是這些成分的含量及其比例都會直接決定其功能强弱。茶是由山茶科(Theaceae)山茶屬(Camellia)植物—茶樹〔Camellia sinensis (L.) O. kuncze〕的芽葉和嫩莖加工而成，普洱茶的原料主要來源是：「普洱茶種」〔Camellia sinensis var. assamica (Masters) Kitamura〕的芽葉和嫩莖，少部分來源於茶組植物的其他種。

據研究表明：茶葉原料都含有茶多酚及其衍生物、咖啡鹼、茶多醣、氨基酸、維生素、纖維素等成分，它們是構成茶葉產品系列保健功能的基本成分，也是當今醫藥研究利用的主要目標；茶樹品種、產地、季節、採摘嫩度、加工方法的不同都會影響這些化合物的構成、形態和功能表現。因此我們需要注意：普洱茶具有一般茶葉所具有的功能成分和生理調節功能，但生理功能的表現上具有普洱茶的特點，按中醫理論來講就是不同的茶類具有不同的茶性。另外，需要强調的是，目前普洱茶的加工方法和原料組成都有很大的分化，不同產品，其功能成分構成和功能特性也有較大差別。下面就結合各種生化成分來對普洱茶的生理調節功能展開討論。

現代醫學最重要的成就和目標是把傳統醫藥中藥物的各種化合物和醫藥功能相互一一對應起來，並且弄清其量效關係、毒副作用，並把藥品和食品間劃清了界限。因此普洱茶作為一種食品，我們强調其衛生、安全、健康為前提，追求營養和風味為基本訴求，而探討它的治療作用與深度開發的製藥和保健品，則强調其量效關係。

一、普洱茶中茶多酚及其衍生物的保健功能

（一）普洱茶中茶多酚的含量

茶多酚（ＴＰＰ），是指茶葉中所含的具有多酚結構性質的化合物，主要有黃烷醇類（兒茶素類）、花色素類（花青素和花白素）、花黃素類（黃酮醇類和黃酮類）、縮酸和縮酚酸類組成。多酚及其衍生物是茶葉中最重要的一類功能性化學成分，佔茶葉原料幹物質的十八％～三十六％，其含量因茶樹品種、產地、季節、原料老嫩度的不同而發生變化。一般來說，雲南大葉種原料中的茶多酚含量普遍比小葉種芽葉高得多。嫩度高的原料較老的原料含量高，夏茶的含量較春茶和秋茶高。普洱茶屬後發酵茶，隨著普洱茶發酵程度越深，茶多酚氧化聚合縮合程度越高，兒茶素減少，茶紅素和茶褐素增加，茶多酚相對含量減少。因此一般普洱茶生茶中茶多酚含量較熟茶高，普洱茶熟茶中的茶多酚含量一般小於十五％，成分以茶紅素、茶褐素、沒食子酸含量為主，兒茶素含量極低。茶葉的抗氧化、清除氧自由基和預防心血管疾病等多種生理功能多與茶多酚有關。

（二）據研究表明茶多酚及其衍生物具有以下系列藥理保健功能

1. 調節血脂、預防心腦血管疾病

據試驗表明，茶多酚能明顯降低高血脂症人群的膽固醇、三酸甘油脂、低密度脂蛋白的指標，升高高密度脂蛋白的指標（高密度脂蛋白能清除血管內沉積的膽固醇，是一種有益膽固醇）。茶多酚調節血脂的作用在於它能與脂類結合，並通過糞便將其排出體外，抑制脂質斑塊的形成。同時它能促進高密度脂蛋白使血管內膜斑中的膽固醇較多地逆向轉運至肝臟，並在其中經代謝生成膽固醇排出體外，從而起到調節血脂、預防心腦血管疾病的作用。

據中國、日本、法國等一系列研究表明，普洱熟茶中雖然茶多酚含量相對較低，但是其降血脂功能相對較為顯著。台灣大學食品科技研究所孫璐西博士研究發現普洱茶抑制膽固醇在肝臟中的深合成達四十一％，增加糞便內膽固醇排除達六十六％。據動物實驗研究發現普洱茶中的多醣蛋白複合體具有較强的降血脂功能，這些成分極有可能是由普洱茶在微生物發酵過程中產生的。

2. 茶多酚的抗氧化、清除自由基、延緩衰老、抗輻射

茶多酚是很强的抗氧化劑，茶多酚具有很强的抗氧化活性和清除自由基的能力。人體衰老的自由基學說認為：過量的自由基能引

註：臺灣大學食品科技研究所教授孫璐西，接受衛生署中醫藥委員會委託，進行普洱茶的科學研究。孫教授於二〇〇〇年八月正式提出「普洱茶對血管動脈硬化及對低密度蛋白膽固醇氧化之影響」的報告，是華人世界以科學研究證實普洱茶可以降低高血壓、高血脂、高血糖的第一人。

報告指出：普洱茶確實具有抑制肝臟膽固醇合成之效果，降低血漿中的膽固醇、三酸甘油脂及游離脂肪酸，且可增加糞便中的膽固醇排出量，同時還能抑制低密度脂蛋白氧化。

孫教授特別聲明，由於茶畢竟不是藥物，故需經常性、長時間養成喝茶習慣，才會有其功效。

起脂質過氧化，損傷生物膜，影響細胞功能，進而導致老年多發疾病。另外，免疫功能的衰退也是由於體內發生的自由基毒性反應損害了免疫系統的功能所致。據研究表明：茶多酚能競爭性地與自由基結合，終止自由基的鏈反應，從而預防或減輕過量自由基對人體的損傷，達到調節免疫的作用，延緩衰老的功效。

茶多酚直接參與競爭輻射能量及清除輻射產生的自由基，避免了生物大分子的損傷，通過提高體內抗氧化酶的活性，調節和增强免疫功能，從而提高細胞對輻射的抗性，防護並修復造血幹細胞和骨髓細胞，促進造血功能，並使免疫細胞增殖和生長，使輻射損傷組織得到恢復。目前已生產TP片劑對多種癌症（手術後或非手術）患者經化療或放療致低白血球，起到很好的升白作用，可均衡地提高生活質量，增進食慾，改善睡眠和排便，以利於腫瘤的治療。

3. 茶多酚的抗腫瘤功能

近年研究表明，自由基反應與腫瘤的發生發展密切相關。茶多酚可以顯著降低染色體突變，另外：(1)茶多酚能抑制腫瘤細胞DNA複製作用，阻止腫瘤細胞繁殖。(2)茶多酚能通過抑制細胞周期素的表達，抑制腫瘤細胞生長周期。(3)茶多酚作為一種高效低毒自由基消除劑，具有强烈的抗氧化和清除自由基功能，能抑制或阻斷氧化劑造成的細胞ＤＮＡ斷裂。⑷茶多酚對腫瘤細胞增殖具有抑制作用，能誘導癌細胞凋亡。此外茶多酚對腫瘤放、化療引起的白血球、血小板減少也是有顯著的提升作用。

4. 茶多酚抑菌作用於防齲齒和痢疾功能

茶多酚具有凝結蛋白質的收斂作用，能與菌體蛋白質結合而使細胞死亡。實驗證明其對各型痢疾桿菌皆具有抑制作用；對沙門氏菌、金黃色葡萄球菌、Ｂ型溶血性鏈球菌、白喉桿菌、變形桿菌、口腔變形鏈球菌、綠膿桿菌等也都有抑制作用。因此茶多酚對齲齒和痢疾有防治功能，還能有效防止口臭。

5. 茶多酚的美容袪斑功能

皮膚中的黑色素是一類天然的紫外線吸收劑，當受到日光照射時，發生生物化學反應，形成黑色素，黑色素顆粒使皮膚變黑，甚至導致雀斑和褐斑等症狀。另外，在紫外線照射等異常刺激或年齡增長時，體內活性氧可引發脂質過氧化物的鏈式反應生成脂褐素，從而在體表積聚起來形成斑痕，對老年人即為「壽斑」。茶多酚能阻擋紫外線和清除紫外線誘導的自由基，從而保護黑色素細胞的正常功能，抑制黑色素細胞的異常活動；茶多酚可抑制酪氨酸酶和過氧化氫酶活性，從而減少黑色素分泌和阻止脂質過氧化。因此能有效減少色素的生成，從而對皮膚起到美白作用。

6. 茶多酚的減肥功能

肥胖是一種由遺傳、環境、生活方式等交互作用而使體內脂肪過度蓄積形成的病態，嚴重會導致肥胖症。首先，茶多酚能促使脂肪酸的代謝，促使脂肪分解，減少脂肪積累的作用，同時能抑制脂肪的吸收，並具有促進脂質化合物從糞便中排出的效果。其次肥胖還可能由攝入的碳水化合物轉化為脂肪而引起，茶多酚能抑制蔗糖酶、葡萄糖苷酶、澱粉酶的活性，減少碳水化合物的吸收，並促進腸道排泄功能，從而有效減少腸胃對食物的消化吸收，故能抑制機體對醣類的吸收而阻止醣類轉化為脂肪，防止攝入的碳水化合物轉化為脂肪而引起肥胖。根據衛生部對減肥保健食品判定的原則及人體試驗結果，證明茶多酚具有較好減肥效果，並已被中國多家企業開發成減肥的保健食品，且對機體健康無明顯損害，國外企業大量購買茶多酚取代麻黃素用於減肥。

二、普洱茶中生物鹼的保健功能

（一）普洱茶中生物鹼的含量

生物鹼是茶葉中除茶多酚外又一類具有眾多生理功能的重要成分。茶葉中的生物鹼主要有咖啡鹼、茶鹼和可可鹼三種。茶葉中的咖啡鹼含量一般佔茶葉幹物質的二%~五%，茶鹼的含量一般為〇·〇五%，茶葉中可可鹼的含量一般為〇·〇〇二%。茶中的生物鹼含量也會因茶樹品種、產品、季節、原料老嫩度的不同而發生變化，一般來說，嫩度高的原料較老的原料含量高。在普洱茶的加工中，咖啡鹼是一類比較穩定的化合物，因此加工前後在製品中咖啡鹼的含量變化不大。普洱茶成品中的咖啡鹼主要與原料中的含量有關，在普洱茶成品中，嫩度高、級別靠前的普洱茶中咖啡鹼含量較高。

（二）茶葉中生物鹼的生理功能

1. 咖啡鹼的生理功能

(1)興奮神經中樞，消除疲勞，提高勞動效率。

(2)抵抗酒精、煙鹼、嗎啡等的毒害作用。

(3)對中樞性和末梢性血管系統及心臟有興奮作用和強心作用。

(4)增加腎臟血流量，提高腎小球過濾率，有利尿作用。
(5)對平滑肌有弛緩作用，能消除支氣管和膽管的痙攣。
(6)控制下視丘的體温中樞，有調節體温作用；直接興奮呼吸中樞，急救呼吸衰竭。

2. 茶葉鹼與咖啡鹼相似

興奮神經中樞較咖啡鹼弱，强化血管和强心作用、利尿、弛緩平滑肌等比咖啡鹼强。

3. 可可鹼

與咖啡鹼、茶葉鹼相似，興奮神經中樞比前兩者都弱，强心作用較茶葉鹼弱，但較咖啡鹼强，利尿作用比前兩者都差，但持久性强。

三、普洱茶中茶多醣的保健功能

（一）普洱茶中的茶多醣

茶多醣（ＴＰＳ）是茶葉中的醣類、蛋白質、果膠、灰分和其他成分等物質組成的類脂和多醣結合的大分子化合物。茶多醣中的多醣與蛋白質呈緊密結合態，茶多醣實為一種醣蛋白，經分離後的精製茶多醣是一種分子量約為1×10^4～5×10^4的水溶性複合多醣，主要成分有葡萄糖、阿拉伯糖、核糖、半乳糖、甘露糖、木糖及果糖等。據研究證明，一般隨著茶葉原料的老化，茶多醣含量增加，茶新梢的粗老葉中含量較高，因此隨著級別的降低，普洱茶中茶多醣含量相對較高。另外據研究認為，微生物發酵型的普洱茶中，含有一些真菌多醣蛋白複合物。

（二）茶多醣的生理功能

據藥理研究表明，茶多醣具有以下系列生理功能：

1. 降血糖、治療糖尿病的功能

茶多醣與胰島素類似，可能減弱四氧嘧啶對胰島β細胞的損傷或改善受損傷的β細胞。茶多醣對糖尿病有顯著的預防和治療作用，是通過提高抗氧化功能和增强肝臟葡萄糖激酶活性，發揮降血糖的作用。

2. 降血脂、抗凝血、抗血栓

研究表明，茶多醣能增强膽固醇通過肝臟的排泄。茶多醣能與脂蛋白脂酶結合，促進動脈壁蛋白脂酶進入血液而起到抗動脈粥樣硬化的作用。

茶多醣在體內可減少血小板數，延長血凝而影響血栓的形成，並能提高纖維蛋白溶解的活力。王淑如等研究表明，茶多醣在體內體外均有顯著的抗凝作用。

3. 降血壓、耐缺氧、增加冠狀動脈血流量

4. 防輻射

茶多醣有明顯的抗放射性傷害、保護造血功能的作用。動物實驗中發現，小鼠通過γ射線照射後，服用茶多醣可以保持血色素平穩，紅血球下降幅度減少，血小板的變化也趨於正常。隨著科技發展，大量電器進入千家萬戶，人們接觸電磁輻射的機會、時間都在增多，多飲茶可預防長時間、低劑量的輻射對人體造成的危害。

5. 增強機體免疫力、抗炎、抗癌等多種功效

由於茶多醣能降低血糖、血清、膽固醇及甘油脂。因此，對調節人體免疫機能有特殊意義。尤其是顯著的降血糖效果和免疫活性，茶多醣可望成為預防和治療糖尿病及心血管疾病、增加免疫功能的天然藥物。

四、普洱茶中氨基酸的保健功能

(一) 普洱茶中的茶氨酸

茶氨酸是茶葉中特有的一種氨基酸，二十世紀五〇年代首次從茶葉中提取精製出茶氨酸，並確定了它的化學結構，此後許多學者對其進行了大量的研究，包括在體內的吸收與代謝、檢測方法、生理功能及在食品中的應用研究。研究發現，隨著發酵程度的加深和貯藏年限的增加，普洱茶中的茶氨酸會呈現逐漸減少的趨勢變化，因此普洱生茶的茶氨酸含量較熟茶高，另外嫩度高的原料中茶氨酸的含量較高。

（二）茶氨酸的生理作用

據研究表明，茶氨酸是茶葉中最重要的一種游離氨基酸，它不僅對調節茶葉滋味具有重要作用，在增强人體免疫功能、調節代謝方面也具有重要意義，茶氨酸的功能研究繼茶多酚後已經成為國際保健醫學的熱點。茶氨酸主要有以下幾個方面的生理功能：

(1)顯著的降低血壓的作用：抗腦中風、抗血管性痴呆。

(2)對某些抗腫瘤藥物具有生理調節作用，協同抗癌作用。

(3)與神經傳遞質之間有相互作用，保護大腦神經元免受「自由基」的損害。

(4)增加精神活動敏銳度，增强注意力，改善、提高學習效果。

(5)減輕婦女停經期綜合症狀。

(6)强化免疫力，使人體血液免疫細胞抵禦病毒能力提高。

(7)增加腦中「多巴胺」的數量，使人減少焦慮感及緩解緊張情緒，對人體有放鬆作用。

(8)對茶中咖啡鹼的興奮作用有一定抑制能力，緩和茶中咖啡鹼對中樞神經的興奮作用。

五、普洱茶中的寡糖

寡糖是由二～十個單糖單位組成的醣類的總稱。如異麥芽糖、異麥芽三糖、盤揶糖、果寡糖產品、葡萄果雙糖、葡萄果三糖、乳糖、半乳糖、乳酮糖、大豆寡糖、水蘇四糖、棉實糖及甘露糖醇、聚葡萄糖及甘露糖等。

寡糖的甜度約為蔗糖的二十%～七十%，口感與蔗糖近似，但不像蔗糖會造成口腔細菌的滋生，產生酸性物質侵蝕牙齒。寡糖對血糖值及胰島素的分泌無影響。蔗糖會促成中性脂肪的上升，寡糖卻有促進血脂下降的效果。

果寡糖(Fractooligosaccharids Fos)又稱低聚果糖、藤糖三糖族低聚糖，分子式為G-F-Fn(G為葡萄糖，F為果糖，n=13)，是在蔗糖分子上以β-1，2糖苷鍵結合數個D-果糖所形成的一組低聚糖的總稱。果糖廣泛存在於香蕉、大麥、洋蔥、大蒜、黑麥、洋薑、小麥、馬鈴薯等植物。但提取較為困難，且難以批量生產，商品果寡糖制劑主要是利用微生物和植物中具有果糖基轉移活性酶作用於蔗糖得到的。作為寡果三糖(GF2)、寡果四糖(GF3)和寡果五糖(GF4)。它們具有低熱、穩定、安全無毒的良好理化性能，大部分不能被動物本身的消化酶所消化，達到腸道後可作為有益微生物的底物，但卻不能被病原微生物利用。從而促進有益微生物的繁殖和抑制有害微生物。

果寡糖的作用主要是通過調節動物或人體腸道中微生物體系平衡而實現的。人體或動物體內分泌的α-澱粉酶、蔗寡酶。麥芽糖不能水解為β-1，2糖苷鍵的果寡糖，因此，果寡糖大都能順利通過胃和小腸而不被降解利用，但大腸中的乳酸桿菌、雙歧桿菌、梭狀芽孢桿菌可產生一系列果糖苷酶，使有益菌得到養分而增殖，而有害菌不能分泌此酶。同時有益菌增殖後，會通過各種途徑抑制有害菌，從而使腸道微生物生態系統調整到正常狀態。

寡糖中的果寡糖進入腸道後，不能被病原菌（如大腸沙門氏菌）利用，只能被有益微生物（如乳酸桿菌、雙歧桿菌）分解利用產生CO_2和揮發性脂肪酸，促進有益菌大量繁殖的同時，使腸道pH

值下降，這樣一方面直接抑制（酶抑制和種間競爭抑制）病原菌生長；另一方面使腸道還原電勢（Eh）降低，具有調節腸道正常蠕動的作用，間接阻止病原菌在腸道中定植，從而起到有益菌的增殖調節作用。普洱茶飲用價值的意義，在於含有較高的寡糖。普洱茶內含物質進入人體後，調整機體微生物有益菌群優勢發展，改善人體免疫系統，達到抗病強身的效果。

病原菌的細胞表面或絨毛會有一類特殊的結構，能夠識別並結合到腸壁上的一種寡聚醣結構受體，從而引起病原菌在腸壁上發育繁殖，導致腸道病的發生。而某些寡糖其結構與腸壁上寡聚醣結構受體相似，以競爭性地結合病原菌，使病原菌從腸道上脫離。從而起「清洗」腸壁病原菌的作用。另外，某些果寡糖還有吸附和消除某些酶菌素的作用。

寡糖能改變腸道菌相，增加有益菌的數量，抑制有害菌的生長，減少腸道有害毒素的產生，是整腸、體內環保、促進正常排便的好幫手。

許多研究還表明，果寡糖對血膽固醇及中性脂肪的下降有幫助。它和膳食纖維一樣，有助於血膽固醇的控制。其生理機制與膳食纖維類似，能與膽酸、膽鹽結合而將其排出體外，防止再吸收。

體內就會促進膽固醇在肝臟進行氧化作用產生膽酸，降低血膽固醇濃度。

果寡糖經腸道細菌發酵後，可以形成有利於礦物質吸收的腸道環境，尤其是鈣、鎂等微量礦物質。研究表明，果寡糖有乳酸菌的保健效益，卻比乳酸菌更能突破胃酸的破壞，進入腸道中受細菌所利用，所以果寡糖有膳食纖維的生理功能，卻沒有膳食纖維會抑制礦物質吸收的缺點。

普洱茶中寡糖含量在一%～六．五%之間。含量因品種、原料級別、加工工藝不同有較大差異，且寡糖含量中有益寡糖果寡糖的比例是普洱茶飲用後保健效果的重要指標，尚需進一步深入研究。

第三節　普洱茶藥理及保健作用機理

普洱茶對人體的藥理及保健作用通過歷史記載與現代研究已證實，其具體的作用機理可從以下三個方面進行論述：普洱茶的營養作用、普洱茶的保健作用及普洱茶對人體精神上的放鬆作用。

一、普洱茶的營養作用

人類為了維持生命與健康，必須每天從食物中獲取人體所必需的各種營養物質，隨著人們生活水平的提高，越來越多的人對人體的合理營養引起了重視。眾所周知，合理的營養能促進機體的正常生理活動，改善機體的健康狀況，增強機體的抗病能力，提高免疫力，尤其對於老年人。合理營養可使人精力充沛，提高工作效率，抗老防衰，延年益壽。過去人們對營養不良的危害比較看重，而對營養過度及營養不平衡的危害卻認識不足。其實近年來比較普遍的由高血糖、高血脂、高血壓引起的現代文明疾病，包括癌症在內，就多與營養過剩或營養不平衡有關。因此，講究合理營養，就是每日由食物攝入營養物質要適度，既不能缺乏，也不能過度。缺乏則不能滿足機體生理活動的需要，嚴重時可引起機體生理機能的改變和生化活動異常，甚至發生機體形態結構的異常，影響人體健康；過度也會引起機體異常改變，或體內積聚過多，或干擾其他營養物質的利用，使代謝異常，有時甚至可產生中毒現象，而這對人體的危害也絕不能低估。

普洱茶對人體具有很好的營養作用。由於普洱茶內含的營養成分氨基酸、維生素、微量元素等比小葉種等其他品種的茶葉要豐富，並且普洱茶是經微生物發酵作用而成的茶葉，經過衆多微生物的作用後，可生成比原來更多而且更容易被人體腸道吸收的營養物質。吳少雄等在對普洱茶營養成分分析及營養學評價中表明，普洱茶含有豐富的營養素，經常飲用，可以補充人體所需的維生素、礦物質及微量元素等。普洱茶膳食纖維含量高，具有良好的保健功能。人體所必需的營養成份如蛋白質、脂肪、醣類、維生素、無機鹽及微量元素、水和膳食纖維等存在著數量平衡，缺乏或過剩都不利於維持人體健康，營養學上提出的膳食多樣化也就是這個原理。目前大量試驗研究表明，微量元素如硒、鋅等元素與免疫密不可分。其供給數量不足或比例不當容易引起機體微量元素缺陷，導致免疫機能減退，從而影響人體正常生理功能。據二〇〇四年十月中國居民營養與健康現狀調查發現，微量營養素缺乏是中國城鄉居民普遍存在的問題，而高血壓、糖尿病、肥胖等患病率大幅度增加，因此，飲用普洱茶可以在一定程度上改善這種現狀，對維護國民的身體健康具有重要意義。

二、普洱茶的保健作用

隨著現代生活節奏的加快及來自生活、工作等壓力的增加，目前處於亞健康狀態的人群非常廣泛。據最近WHO的一項調查結果表明，全世界真正健康的人僅佔五%，而處於亞健康狀態的人卻占七十五%。在中國，處於亞健康狀態的人數達六十%以上。亞健康是處於健康與患病之間的一種生理功能低下的狀態，主要是指機體雖無明確疾病，卻呈現生活能力降低、適應能力不同程度減退等現象，這是由於機體各系統的生理功能和代謝過程功能低下所引起的。預防醫學、臨床醫學等臨床實際工作者將衰老、疲勞綜合症、神經衰弱等均歸屬於「亞健康狀態」範疇。亞健康狀態與人們的健康、長壽、提高生活質量等這些「人類永恆的話題」息息相關，對於這種狀態，處理得好，可以轉為健康，處理不好，就會患病。因此，正確認識亞健康狀態的危害對維護人體健康具有非常重要的作用。

普洱茶除了含有豐富的人體所需的營養成分外，還具有一些特殊的功能成分茶多酚、茶色素、茶多醣等，對人體的保健及維護身體健康起著非常重要的作用。張冬英等對普洱茶的降糖降脂功能成分進行研究，從中分離得到尿嘧啶、沒食子酸，並對其降糖降脂功能進行探討，獲得了很好效果。尿嘧啶其實是生物體ＤＮＡ分子中的一種鹼基，在一般的茶類中很難分離得到，因為其含量甚微。但在普洱茶中，由於微生物的作用，使得尿嘧啶的含量比一般茶類高，因而通過分離純化等手段可獲得。同樣研究發現，普洱茶中沒食子酸的含量也比其他茶類高，這也與微生物的作用是分不開的。普洱茶中除了含有尿嘧啶、沒食子酸等保健成分外，可能還含有其他更多的未知的功能成分，這一點在試驗中得到證實。總之，普洱茶的保健作用是通過多種功能成分共同發揮作用的結果，普洱茶具有茶的共性，但又由於加工過程中衆多微生物的參與，使其化學成分發生了複雜的變化，而又不能以簡單分析茶葉中的化學成分來看待。

三、普洱茶對人體精神的放鬆作用

有資料報導，影響人體健康的各因素中，生活方式的比例達六十％，可見，要想擁有健康的身體，培養良好的生活方式是很有必要的。飲茶作為中國一種傳統的生活方式，能夠陶冶人的情操，愉悅人的精神，在維護人體健康中發揮著重要的作用。普洱茶湯色紅濃、陳香獨特、滋味純和，飲後讓人心曠神怡。其令人陶醉的湯色猶如一杯誘人的紅葡萄酒，耐人尋味；獨特的陳香又會讓人的思緒飄向逝去久遠的光陰。在細細品味的同時，不知不覺就放慢了生活的腳步，遠離了塵世的煩惱，精神上進行了一次短暫的旅行，思想上得到了很好的放鬆。此外，普洱茶深厚的文化底蘊一樣可以愉悅人體的精神。正是品飲普洱茶的這種愉悅精神的作用與其內含成分發揮的營養保健作用交織在一起，讓普洱茶散發出迷人的魅力，經久不衰。

第四節　古樹普洱茶豐富礦物質在營養上的意義

古樹普洱茶，茶葉中的無機元素很多，十四種人體所必須的微量元素在茶葉中都有。目前研究較多，而為茶樹生命活動所必須或有生理活性，於人體有營養藥用價值的元素為鉀、鈣、鎂、錳、鐵、硼、硫、硒、鈷、鋅、鎳、鉬、鉻、釩、銅、鋁、磷等十七種元素。

根據雲南省農科院茶葉研究所，針對景邁、南糯山、易武三個主要老茶樹產區，將蒸青茶樣礦物質元素的檢測研究，老樹茶含有豐富礦物質的常量元素和微量元素，詳如附表：

老樹茶蒸青茶樣礦物質元素檢測結果

單位mg/kg

	內容	景邁老樹茶	南糯山老樹茶	易武老樹茶
常量元素	硫S	0.25	0.25	0.23
	磷P	0.40	0.34	0.31
	鉀K	1.84	1.78	1.96
	鈣Ca	0.25	0.26	0.24
	鎂Mg	0.25	0.19	0.19
微量元素	鋅Zn	40.4	39.4	29.7
	鐵Fe	60.9	70.2	64.9
	銅Cu	15.7	14.6	12.2
	錳Mn	458	803	1045
	硼B	17.6	10.1	26.4

資料來源：雲南省農科院茶葉研究所

根據國際間醫學研究單位的報告，針對每一種礦物質的功能，為讀者做一些整理解析。

1. 硫S：

功能：是人體內必須的常量元素之一，在體內形成硫辛酸(Alpha-Lipoic Acid)時，就是抗氧化物質。

全球頂尖的硫辛酸和抗氧化劑權威美國加州大學柏克萊分校的雷派克博士（Dr. Lester Packer）發現，硫辛酸不像別的抗氧化劑，在體內只有一項特別的任務，它算是一種有益人體的自由基，能在其他抗氧化劑缺乏時為之「代打」，它具有四百倍的維他命C和E的抗氧化作用，如與體內的其他抗氧化元素如CoQ10及維他命C與E做成複方的話，還能更活化其他抗氧化劑的作用，且硫辛酸的作用力也比其他抗氧化劑來得持久。

由於人體中的硫辛酸其實非常少量，再加上會隨著年齡而減少，所以一定要從體外攝取才行。

2. 磷P：

功能：與鈣化合成磷酸鈣存在骨骼、牙齒、指甲裡，是大腦神經傳導作用及遺傳因子構成不可缺的物質，可消除疲勞，在肌肉、腦神經、細胞等存在，佔人體一％，能強化物質代謝，維持體內酸鹼平衡。維他命D缺乏時，會妨礙磷的吸收。缺乏磷會引起牙患各症，如齒槽炎、蛀牙，且容易骨折。

3. 鉀K：

功能：在細胞中以磷酸鉀存在人體，佔人體〇．三五%，調節心臟和肌肉的機能，維持細胞滲透壓有重要作用，將細胞內過多的鈉排出，可降低血壓，防心律不整，一般情形下多不會缺少鉀。

鉀是一種抵抗高血壓的有力保護者。這種礦物質是一組叫電解質(electrolytes)的營養物，電解質調節體內液體的平衡、調節心跳，也控制神經和肌肉細胞所創造的電脈。鉀可能有益血壓調節的方式有幾種：第一、鉀是天然利尿劑，利尿劑減少了體內的液量，而且減少了心臟要泵抽的水量，因此減少了心臟和血管的工作負荷，結果降低了血壓。第二、鉀抑制了會造成血壓昇高的特殊酶和荷爾蒙。第三、鉀放鬆了血管壁內襯的肌肉，因此造成血液流動的阻力減輕和血壓減低。

4. 鈣Ca：

功能：鈣為骨骼的主要成分，以磷酸鈣的形式存在，在人體佔二%，在血液中佔十%。強化骨骼、牙齒、指甲，鎮定神經，使心跳正常。血液的凝固性與鐵的作用活化，強化肌肉收縮能力，預防高血壓、動脈硬化，緩和神經緊張。如果缺乏鈣質，手足肌肉容易抽筋，神經質地興奮，骨骼、牙齒弱化，形成佝僂病、軟骨症。

幾乎身體一〇〇%的鈣存在牙齒和骨骼裡，使得攝取鈣和吸收鈣對骨骼的健康很重要。

因此，富含鈣和維他命D的飲食，能幫助小腸吸收鈣，對於預防骨質疏鬆症是決定性的。

5. 鎂Mg：

功能：鎂多存在骨骼及肌肉中，佔人體〇・〇五%。抑制神經興奮。鈣不足時，代替鈣在骨中沉著。鎂亦防止細胞內鈣質增加，維持心臟等循環器官正常運作，緩和肌肉疼痛，使肌肉收縮順暢、安定神經、緩和情緒，是抗壓力的物質。預防狹心症、心肌梗塞、腦中風、消除疲勞、促進蛋白質合成。飲酒會大量流失鎂，缺乏鎂會血管擴張，引起充血、心悸亢進、痙攣，過多又會食慾不振和佝僂病。

鎂不足，也被認為是形成老年癡呆症的因素之一，鎂幫助保護腦部不受壓力和跟年齡有關的腦細胞退化的危害。

鎂長期不足會導致骨質損失、高血壓、血管疾病和不正常的血糖代謝作用。

6. 鋅 Zn：

功能：鋅能活化胰島素的持續性，並使其安定，增强腦下垂體前葉賀爾蒙的作用，促進蛋白質的合成，强化生殖機能，有助胎兒正常發育，特別是性徵和性功能的發育，維持味覺正常，抑制活性氧，防癌防老，活化三百多種酵素，促進免疫功能，强化頭髮、指甲，防止掉髮、膚粗、指甲異常，助細胞正常分裂。鋅缺乏時，胰島素作用減弱，引發糖尿病，成長停止，易脫髮。

7. 鐵 Fe：

功能：鐵是可溶性的化合物，是形成紅血球內的血紅素必須的原料。紅血球的鐵在人體內佔○．○○四%，鐵亦為細胞中的氧化酵素不可缺少的成分。血將氧氣及養料供給全身各個角落，提升免疫力。如果缺乏鐵質，就會貧血（低血色素貧血）、神經過敏、頭暈、心悸、口內發炎、氣喘、感覺異常、疲倦、食慾不振、臉色蒼白、免疫力弱，舌、口角發炎，粘膜異常。婦女每月經期失血，更需要補充鐵質。在《美國臨床營養學雜誌》(*American Journal of Clinical Nutrition*)的報導指出，在懷孕開始時母親若被診斷缺鐵（它和低能量、增重不足有關），將導致二倍或有更大可能發生早產兒或新生兒過輕的危險情況。這事件的寓意是，在懷孕期間吃富含鐵的食物是必要的。

8. 銅Cu：

功能：形成血色素。鐵靠銅運送鐵質給血紅素，預防貧血，是抗氧化酵素構成要素，是人體毛髮、皮膚、黑色素、膠原質所構成的成分，活化維他命C，提振活力，攝入十五分鐘就能到達血液中。把身體的鐵轉為血紅素所需要的礦物質。可幫助骨頭、血管和神經方面的健康，並使免疫系統產生功能。缺乏銅會貧血、浮腫、骨骼易有毛病，甚至關節炎。

9. 錳Mn：

功能：存在血液、肌肉中，使造骨的磷質活性化，是酵素的輔體，活化維他命H、B_1、C，製成甲狀腺素的重要物質，促使食物能充分消化吸收，維持細胞分裂，中樞神經肌內反射正常化起重要作用，消除疲勞，防止骨質疏鬆，增進記憶力，緩和神經過敏、煩燥不安，防止生殖機能變差。缺乏時會骨骼發育異常，妨礙B_1活化，運動失調。

10. 硼B；鎳Ni；矽Si；釩V；錫Su；硒Se；鉻Cr：

功能：上述幾種微量元素參加新陳代謝酵素的反應有輔助作用，是人體所需要的微量元素。

硼是另外一種礦物質，與鈣、鎂一起作用去增進骨骼强壯。

硒是能對抗多種癌症的有效抗氧化劑，與谷胱甘肽過氧化酶(glutathione Peroxidase)的生產有關，這酶會保護細胞對抗氧化的損害。有助於活化谷胱甘肽過氧化酶，它是最有效的抗氧化劑中的一種。這種抗氧化劑能阻止自由基攻擊LDL（壞的）膽固醇。

根據最近的研究指出，鉻能預防糖尿病II型或者胰島素抗拒，也能幫助身體有效利用胰島素，穩定血糖量；高血糖的人，鉻能降低其血糖量和對胰島素的需要。此外，鉻還能增加好的膽固醇量，降低心臟病的危險機率。

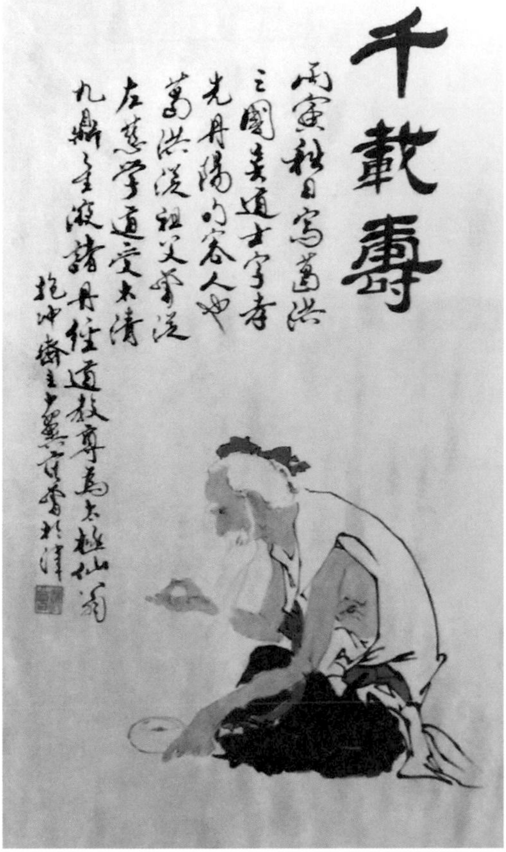

千載壽　范曾作

品賞古樹普洱茶的茶氣、茶韻、茶香、滋味

古樹普洱茶，茶湯蜜黃透亮，散發出高雅飄逸的香氣，令人一陣清爽，眼睛發亮。杯底的留香久久不去，就像佳人回眸淺笑；從來佳茗似佳人，就不僅是意會，更可言傳。

從現代生技萃取技術來看，普洱茶的呈味物質是由茶多酚、總醣、茶多醣、寡糖及水浸出物、茶褐素，這些成分的互相協調，構成色、香、味俱佳的優質普洱茶。就風味的化學成分而論：一是來自茶葉自身就有的；二是微生物代謝產生的酶化作用，於茶葉中轉化形成；三是微生物自身生命代謝的產物。因此，普洱茶的品質是由原料、加工工藝、微生物酶化及倉儲相關條件總合形成。

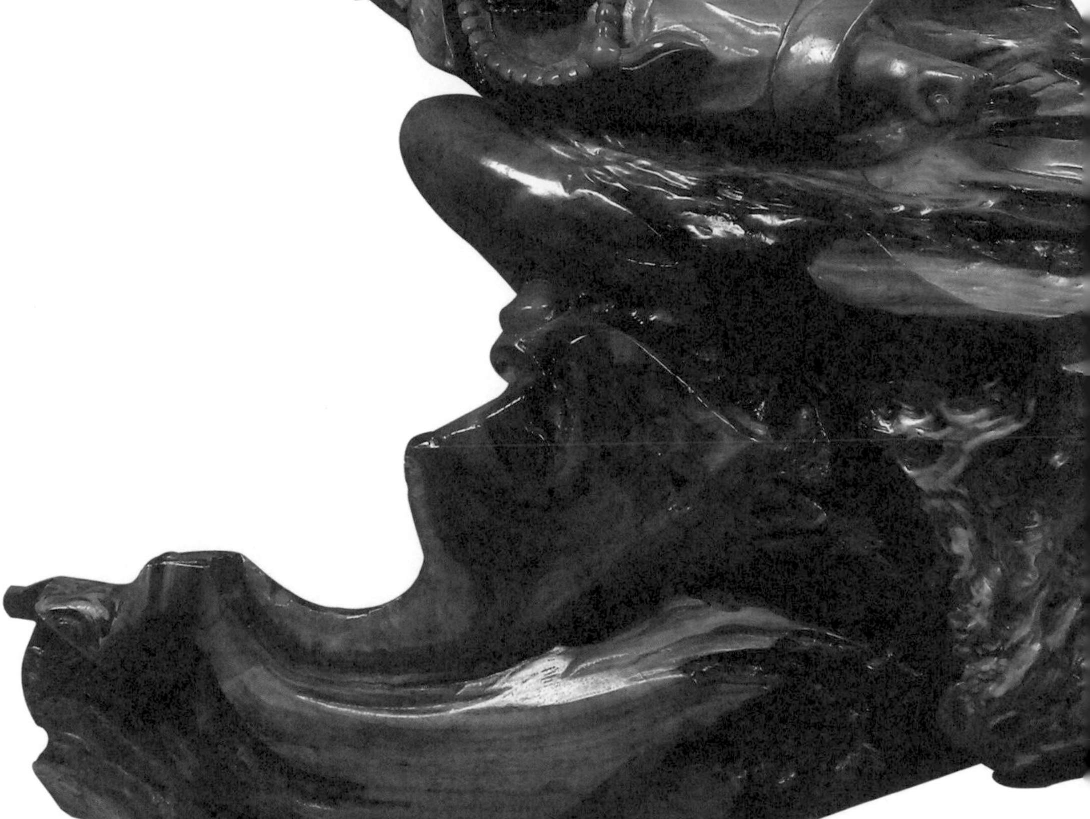

氣暢仙靈

第一節　茶氣

茶氣，是指喝完茶後，引發身體氣機的明顯運作，就如中醫說的氣血流暢，或氣功講的氣脈循循依經絡運行的氣機舒暢。每個人的修煉或體質各異，對茶氣的體會差異很大。基本上，品茶時放鬆心情，專注品味，就容易感受得到茶氣。

形容茶氣的感受，最早的是唐代詩人盧仝之〈走筆謝孟諫議寄新茶〉中的「七碗茶歌」：

一碗喉吻潤；
兩碗破孤悶；
三碗搜枯腸，唯有文章五千卷；
四碗發輕汗，平生不平事，盡向毛孔散；
五碗肌骨清；
六碗通仙靈；
七碗吃不得也，惟覺兩腋習習清風生，蓬萊山在何處？玉川子[1]乘此清風欲歸去。

1 盧仝，唐代詩人，一生愛茶成癖，據《濟源縣誌》記載，他在濟源縣時，經常在「玉川泉」汲水烹茶，所以自號「玉川子」。

七種品茶境界，次第昇華，靜心自有體會。其中四到六即茶氣的作用，依個人體質或有無氣功、靜坐的修煉而有不同，但發輕汗是任何人對茶氣必有的反應。

就現代醫學的角度而言，古樹普洱茶的茶氣特別彰顯，因為它的根部深，能吸收到大地的微量礦物質及多樣化的微量元素。這些微量元素伴隨茶湯浸出物進入身體後，依現代醫學的實驗，十五分鐘內會隨著血液運行全身，提供全身細胞各種不同的養分和化學變化、代謝、機轉作用，這時氣血運行順暢，精神舒順，氣運行於內，色形之於外，依個人身體狀況，做出不同的茶氣感受反應。有的人會有舌底湧泉感，或全身氣血通暢、臉色皮膚紅潤，或末梢神經微震，或手心出汗（或說成行氣），或誇張的說氣通任督二脈，整個人陶陶然。

當代名人鄧時海[2]則形容，氣即生之仙颸，是一種情懷與物我兩忘。聽來有點玄，茲錄取全文，與茶友共享。

鄧時海博士論普洱茶，以香、甜、甘、苦、澀、津、氣、陳八個字概括之。

2 鄧時海，一九四一年生，原為馬來西亞華僑，年輕時來台求學，畢業於台灣師範大學，後在台灣結婚定居。他是台灣「中國普洱茶學會」創會會長，被業界譽為「中國普洱茶第一人」。此外，他也是楊氏太極武藝第六代傳人，並在師大兼任太極拳導師。

香即生之春機→春天般的呼吸
甜即生之命源→原始的動力
甘即生之延壽→體認和信心
苦即生之愁惑→韌性氣質
澀即生之凋零→生死之道
津即生之我有→自我品味的把握
氣即生之仙颺→情懷與物我兩忘
陳即生之迴盪→激盪人心的暮年回首

將普洱茶與生命週理並論，有「道」的玄理、玄機，茶友自行體會。其機鋒懸迭，隱喻重重，類如禪宗祖師的禪法。

為了體會茶氣的美妙，我鼓勵茶友做一些靜心的訓練。若時間許可，以參加道場的八關齋戒或禪修營為佳；接著進階班，再參加禪七，或是道家系統的氣功班，都可以達到靜心的目的。

若是在家自修，則可多閱讀一些佛法的經典，從內心思維改變內在氣

場。品茶時，如果心很亂，可配合呼吸法，自我暗示引導，也可當下靜心。

持茶在手↓吸氣，腹部呼吸法，細、慢、長；

正念端心↓呼氣，腹部呼吸法，細、慢、長；

心身安住於茶氣↓吸氣；

此時此地，觀心自在，茶氣周遍全身毛孔↓呼氣。

基本上，應該一次搞定，最好不要超過三次；若搞不定，則表示此刻你心神有些散亂，就只好降低品茶的意境了！呼吸連結我們的身和心，非常重要，有時我們身體在做一件事，心卻想著別的事，無法專注，身心不能合一，經由集中意識地呼吸，把身心喚回一處，最後以觀想暗示，安住身心於此時此地。

第二節　茶韻

茶韻，它是茶色、香、味的統攝，融入周邊人物、情境和外在美景、音樂，形成的一種美感、審美的覺受。我們常用的形容詞如香韻、氣韻生動、風韻……等，是漢文化美學觀念中重要的概念。這裡用蘇東坡[3]的一首品茶詩，最足以形容茶韻：

> 仙山靈草濕行雲，洗遍香肌粉末勻。明月來投玉川子，清風吹破武陵春。要知玉雪心腸好，不是膏油首面新。戲作小詩君勿笑，從來佳茗似佳人。

古樹普洱茶，茶湯蜜黃透亮，散發出高雅飄逸的香氣，令人一陣清爽，眼睛發亮。杯底的留香久久不去，就像佳人回眸淺笑；從來佳茗似佳人，就不僅是意會，更可言傳。

茶韻的美學素養，對精神生活有持續加持的作用。漢民族的士大夫觀念深重，屢有懷才不遇，抑鬱不得志者，藉自然界的美以怡情養性，使生命走向平靜。進而悟出無盡的美感，而產生書畫藝術的創作，或深思生命的哲理。這漫長的過程中，茶扮演著重要的媒介，現在我們讀到的茶經、茶詩……等，再而與禪結合，形成茶禪一體、和

3 蘇軾，字子瞻，自號東坡居士，北宋眉山（今四川眉山縣）人。與父蘇洵、弟蘇轍，都有文名，且同被尊為「古文八大家之一」。他不只琴、棋、書、畫樣樣精通，詩詞更是一絕，甚至對佛學亦有極高的造詣。

尚家風，這個部分請參閱本書輯三〈以茶論禪——和尚家風〉一章。

古樹普洱茶，樹齡三百年以上，高者達千年，生長在海拔一千五百公尺以上的雲南山系，與各種天然樹木雜然混生，茶葉內容物豐富，依傳統工藝加工而成的普洱茶餅，新茶、老茶，依不同存期都有不同的韻味；其茶質豐富厚實，沖泡出來的茶湯韻味十足，一道茶的品賞過程，茶韻不斷變化。以新茶論，第一口茶，茶湯厚而飽滿，香氣沉穩，一種溫潤舒暢的感覺緩緩舒展開來，是種美好的韻味；隨後而來有點苦味的覺受，靜下心來感知苦味的轉化，苦漸化開變回甘，形成另一種韻味和個別產區茶的風格；同時間，茶湯會讓舌面、喉頭產生澀感，在唾液生津中和後，轉化成潤澤的舒服感，喉韻舒暢。這些多樣的變化，值得慢慢靜心去體會。接著茶湯在身體中隨著血液運行，丹田發熱，身體漸暖和，發輕汗透毛孔，輕打嗝順腸胃，茶氣周遍全身，整個人為之舒暢愉悅，是種美好的感受。

古樹普洱茶的茶韻和諧居於核心位置，茶香清雅而色澤潤秀，其滋味厚釅且茶氣內聚沉穩。內在有生生不息的精神，有生命的節奏，喝起來給人愉悅的感受。再提升層次就是渾然忘我，這就要靠品茶的人身心狀況和內在修為自我體現。

漢大儒董仲舒言：「仁人之所以多壽者，外無貪而內清淨，心平和而不失中正，取天地之美而養其身。」**古樹普洱茶的茶韻正是取天地之美而養其身，它能誘導淨化心靈，觸動心靈深處，引發出生命的般若，其動態美的瞬間凝結，具有致命的吸引力，是心靈的感動力量**，是達到大儒董仲舒養生哲學實踐的途徑。

第三節　茶香

論及古樹普洱茶的香氣，宋代詩人王禹偁的詩最為感人：

香於九畹[4]芳蘭氣，
圓如三秋皓月輪，
愛惜不嘗惟恐盡，
除將供養白頭親。

近代李佛一先生在其著作《十二版納志》一書中提及，勐海盛產樟腦。這與茶有什麼關係呢？莊晚芳先生在《中國名茶》一書中，有這樣的論述：「西雙版納的茶樹，都是喬木類型的大葉種，茶樹和樟腦樹混合成林……有益的化學成分增加，茶葉品質優

4 古代地積單位。但其實際大小，說法不一。一說三十畝為一畹，一說二十畝為一畹。

異。」茶樹與樟樹混生，也就成了西雙版納尤其是勐海所產普洱茶所含「青樟香、野樟香和淡樟香」的原始來源了。近代生物分子分析科技發達，雲南農業大學普洱茶學院做出詳細的研究，讀者可參閱《普洱茶保健功效科學揭秘》一書中的〈普洱茶芳香物質的形成與品質關係〉專章。

世人對茶香的感受，因著普洱茶產區特性和存放時間、地點的不同，而有各種不同的香氣呈現，依個人的經驗和敏銳性而有不同的體察。常用的形容詞有：青樟香、樟香、蘭樟香、野樟香、蜜樟香、杏樟香、青葉香、油青香、花香、蜜甜香、青甜香、果香、熟果香、純蜜香、梅子香、龍眼香、桂花香、棗香、蔘香、濕倉的酪酸及麝香……。可見市場行銷的修辭功夫，茶友是否真的感受到、聞到，或受暗示啓發而領會，非得有過人的品賞能力不可。個人的看法是，茶香還是統攝在茶韻來品賞，以增益其內涵。

第四節　滋味

科學上的研究，茶多酚、總醣、茶多醣、寡糖、茶褐素和水浸出物成分之間相對協調，普洱茶品質就佳。具備這樣品質特徵的普洱茶，色、香、味也是最無可挑剔的。

特為聞香設計的深蓋紫砂壺

普洱茶中的風味化學物質主要由三方面構成：一是茶葉自身保留下來的；二是微生物生命代謝產生酶作用於茶葉轉化形成的；三是微生物自身代謝產物及其生命體。因此，普洱茶的風味，化學成分是多種化學複合物構成的。普洱茶的品質與其原料、工藝、微生物及儲藏條件相關。這就構成古樹普洱茶滋味的物質條件。

一般市場在形容茶滋味，常見的說法是：醇厚綿綿、化甘生津、入胃暖和、全身舒暢、香氣漫湧、韻味無窮。我的經驗是：滋味是一種口感，更深層的是潤喉的喉韻，一種人與茶湯交融後的覺受，不全然是科學的。古樹普洱茶，茶湯濃稠，果膠類物質豐富，會令人有飽足感，且內容物質豐富，微量元素多樣化，使茶湯的香氣、韻味隨沖泡的次數不同而多變，豐富品賞的內涵。就品賞的趣味性，宜統攝到茶韻裡去欣賞。

讀者回應

識茶、泡茶、品茶，各種不同層次的修為與不同的意境，皆有不同的甘甜滋味及感受。

苦盡甘來　黃泥雕刻壺　許玉輝作

要泡出甘甜好入喉的茶，不但水質要好，也要會精準的掌握浸泡的時間。除了平時多增廣見聞外，再透過泡茶的過程中去觀察、學習，並將累積的經驗經過轉化，最終才能泡出甘醇、潤喉的好茶。但其中若缺了一樣，就可能轉為平淡或為苦澀，人生亦若是。

台北　周佳瑜

品嘗好普洱茶的講究

想要品嚐一杯好的普洱茶，須是好茶、活水、炭火三合其美，缺一不可。

好茶：（原料）古樹茶葉生長在海拔一千五百公尺以上為佳。

（工序）一、手工摘採；

二、乾後揉捻；

三、日照曬青；

四、挑黃葉梗；

五、蒸氣蒸茶；

六、茶餅曬（陰）乾。

（倉儲）環境與天氣對後發酵的影響。

活水：（煮茶之水）用山水者上等，用江水者中等，井水者下等，總括一句，即須用活水。然而目前普遍而便利的是自來水，須適當過濾，如活性碳、精密陶瓷之類…等。（水沸程度）水沸之程度，如魚目而微有聲，此一沸也。鍑之邊緣，泉湧如連珠，水泡上昇，此二沸也。如騰涉鼓浪，煮至翻滾，此三沸也。過此以上，是以不可飲。

碳火：當代中國茶人的經驗，對燒水燃料的選擇有：

一、燃燒物的燃燒性能要好，產生的熱量要大要持久。

二、燃燒物不能帶有異味和煙味，若有則會污染水質，使泡出來的茶湯失去其原來本色與香味。現代已不用炭或薪來取火，現今均以瓦斯爐、電爐或電磁爐來燒水，因此，上述經驗只能是有心人才能享受古時取火情境了。

鳥有翼而飛，獸有足而走，人張口而言事物，此三者皆生於天地之間。然，鳥獸之飲啄乃為求生，人之飲食乃有大於求生者。蓋，欲救渴則使其飲漿，欲暫解憂忿則使其飲酒，欲提神醒腦則令其飲茶。

台北　徐志宏

如何沖泡古樹普洱茶

一杯令人回味無窮的古樹普洱茶，沖泡的要件：水、水溫、茶

岩礦壺

器與茶量。

水：最低標準：自來水濾除消毒的氯的味道，講究的人，有用礦泉水或是天然泉水，天然泉水對現在家庭而言有些困難。

水溫：高溫一百度沖泡，茶質才能呈現。

水壺：陶壺、紫砂壺為主，白瓷壺為次。

煮水器：食用級不鏽鋼壺、鐵砂鑄鐵壺、銀壺等。

茶葉量：沖茶壺最好固定用一、二支，比較好控制茶量，一般放茶量是壺容量的五分之一至四分之一之間，當茶葉吸收水分，葉片完全舒張開之後，約茶壺的七分到八分滿，看個人對茶湯濃度的偏好，幾次調整後，才能定量。真要計量，以兩百CC水容量的壺，放茶量在十~十二克之間，依此類推。

古樹普洱茶可以沖泡二十次以上，所以先後次序的出水速度掌握，會使茶湯前後品質較一致，這需要練習。

第一泡若是要沖灰塵，出水量要快；第二泡則著重在讓茶葉適當舒展，濃度會偏高，故先置放於一旁。

第三泡開始，正常出水；第十五泡以後，則可加入第二泡留置的較濃茶湯，一則調整濃度也調和溫度，使一席茶品賞下來，前後品質相近，賓主盡歡。

台北　葉美美

奔月　紫砂壺　鄭正華作

品賞老普洱

普洱茶的收藏者和愛好者，從一片生茶的生澀苦礹經時間自然的造化轉變，無數生菌酶的機轉作用，變成甘、甜、潤、香，氣韻流長，就像人的一生，在社會中拼鬥，生澀苦礹不足以形容。但若人的品格好，守住自然造化的義理，最後自然的天理也會回報給您晚年的甘、甜、潤、香，福報綿延。

陳年普洱茶的意義，在時間慢慢流逝中，變化出各式各樣的韻味。參與其中的收藏者和品味它的人，對於「越陳越香」這個詞，感受的意義是不同的，時有驚奇，它是茶香、茶韻、茶氣的一些感知。但又因不同的品質、存放不同的環境和時間長短的不一，造就每一片陳年普洱茶獨特的滋味和韻味。就像人一生的生命歷程，每個人從出生到老死都是獨一無二的。也因為獨一無二，所以更要珍惜自己生命中的每分每秒。

人的一生可概分為三個三十年。前三十年，你出身的父母、家

茶熘　陳景亮作
用於焙炙老普洱、老茶；茶葉焙炙到茶油香味出現才入壺沖泡，湯色濃郁透亮，茶香清揚，口感甜潤醇順圓滿。

中華人民共和國國有經濟時期經典之作

80年代中茶牌紅印圓茶（退包裝）

80年代中茶牌紅印圓茶

80年代中茶牌紅印的湯色

80年代中茶牌紅印的葉底，某些葉片已有發酵的破壁表現

庭和國家，一般人是無法自己選擇的，依宗教的講法，是各依因果、業力而來生，這時父母給你生養、教育，這段期間，專業的工作能力和品格教養大致成型；接下來的三十年，每個人的事業成就、家庭圓滿、財富累積，這三項人世間定義是否成功的三個主體，應是八成底定。不論滿意與否，坦然面對與欣然接受，才有六十～九十歲最後人生末端旅程的安然平靜。雖然有人是六十歲以後才達到人生成就的頂端，這些人常發生在政治領袖、頂端的企業家或金融投資家。一般薪資所得者或終日忙於營生者，守成、平靜、怡然生活是人生最大福報。到達「知天命」階段的人，更要隨時靜下心來，喝一杯陳年普洱茶，細細品味，以有所得之心追求無所得的成就。就如《心經》開宗明義的第一句：「觀自在菩薩，行深般若波羅蜜多時，照見五蘊皆空，度一切苦厄。」一個人若一切苦厄皆可自行度化，人生何處不靈山。

普洱茶的收藏者和愛好者，從一片生茶的生澀苦釅經時間自然的造化轉變，無數生菌酶的機轉作用，變成甘、甜、潤、香，氣韻流長，就像人的一生，在社會中拼鬥，生澀苦釅不足以形容。但若品格好，守住自然造化的義理，最後自然的天理也會回報給您晚年的甘、甜、潤、香，福報綿延。

2005年黎明金磚外包裝及退包裝的表現

一九四九年中華人民共和國成立，實施共產主義，到一九五六年完成生產體系的改造，之後私營茶莊消失，只有少量國營茶廠生產少量普洱茶，外銷東南亞、香港，為國家賺取外匯物資；另有一些用粗茶做的邊銷茶賣到藏區。中國具規模的普洱茶倉儲已近絕跡。由於傳統普洱茶的品飲習慣是存新茶、喝老茶，但這中間有四十年的空窗期，長期沒有存茶，中國人已忘了老普洱茶的滋味，直到一九九七年香港回歸，廣東省一帶的富裕城市才開始重新認識老普洱茶。

至於台灣所存放的老普洱，主要由香港轉口，尤其一九九七年前後，由於香港回歸的衝擊，造成大量香港人移民大英國協國

1988年江城野生茶磚

9062野生茶磚

中糧集團入主中茶後，決心恢復昔日光榮的代表作；首批傳承紅印原創品質。這片茶是中糧集團入主“中茶”品牌後第一片依傳統配方製作，專供2010世博會指定用普洱茶。事關國家榮譽，故在茶菁嚴選、傳統石磨壓製、餅型與茶面條索排列均具美感。雖僅有7年的後發酵，但因壓製鬆緊適度，全片透氣性良好，使之發酵的成果是全面性的，非如一般鐵模機器壓製，邊緣與中心的發酵度有相當差異。茶湯醇厚，琥珀色澤透度清潤，令人賞心悅目;三杯過後，滿口生津，清涼舒適且持久。

1992年中茶紅中紅，市場通稱小紅印。此茶餅經過25年的乾倉存放，在後發酵時間裡，每5年一次大轉化，已完成5個週期;茶湯油質豐富，已可預見未來的口感將更潤澤圓滿。內含多樣化的氨基酸、多醣和果膠、寡醣類成分，現在喝來，茶湯甜潤稠釅，色澤濃醇，透出黑棗色的亮度。假以時日，小紅印將會成為它的暱稱。

中華人民共和國國有經濟時期，代表性普洱茶的品牌—中茶牌

2001年中茶牌黃印外包裝及退包裝的表現。此茶倉儲環境優，餅面乾淨潤澤，微現陳香味，聞之舒暢，茶湯已呈深琥珀色，略帶棗紅，顏色透亮，茶韻美好；杯底留香，聞之醇雅舒爽。適當濃度喝個300-500CC.，一個半小時內，滿口生津，回味綿甜。

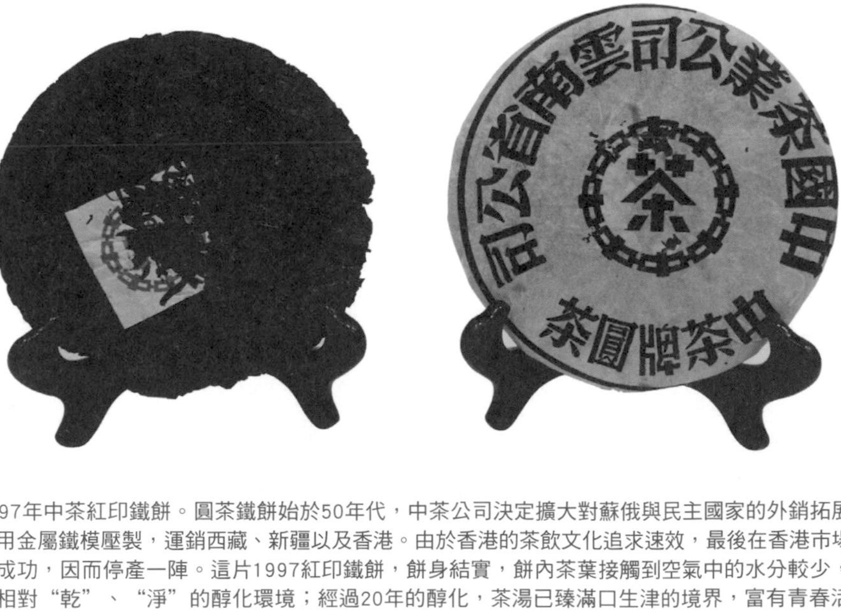

1997年中茶紅印鐵餅。圓茶鐵餅始於50年代，中茶公司決定擴大對蘇俄與民主國家的外銷拓展，改用金屬鐵模壓製，運銷西藏、新疆以及香港。由於香港的茶飲文化追求速效，最後在香港市場並不成功，因而停產一陣。這片1997紅印鐵餅，餅身結實，餅內茶葉接觸到空氣中的水分較少，處於相對“乾”、“淨”的醇化環境；經過20年的醇化，茶湯已臻滿口生津的境界，富有青春活力之美，流露著強烈的氣息，假以時日，市場必投以驚艷的眼光，為之讚嘆不已！

家，使台灣茶友有機會接到較大量的老普洱；接著是二〇〇四年台灣開放直接進口，量再次放大。在二〇〇四年之前，台灣進口的普洱茶走香港、越南、泰國進口，內飛都要去除，有時外包裝紙也要去除，以避免被海關沒收。被沒收後又要從海關沒收品拍賣機制再買回來，風險較高，且價格無法掌握。

老普洱茶價高、量少，利之所在，自然有人會去造假，現在流行語：「山寨版」就是仿冒的總稱。當市場的消費者、生產者、管理者，不以「山寨版」為恥時，偽冒之風必然猖獗。這裡歸納出「老普洱茶山寨版」的形形色色，供茶友參考。

(1)一般採用輕發酵加濕倉存放，以提高茶轉老的速度，號稱三十年的茶，十年內可完成。

(2)仿冒包裝紙，現代印刷技術進步，要仿冒五〇年代或任何年代的手工綿紙、雕刻版型印刷、人工蓋印……各式各樣，都可執行；再加上包裝後進濕倉一段時間，紙跟茶染在一起，蠹魚咬一咬，茶友光看外表很難分辨。

依個人經驗，品賞老普洱茶以茶齡二十年以上為準，有些茶行不提供試茶，那就不要買了。若茶友個別交情特殊，就另當別論。

辨識老普洱有幾個方法：

1. **視覺審查：**整片餅面應油亮潤澤，有點陳香味，聞之舒服。

此片2001年出廠的黃印七子餅，即是因應進口限制採取的權宜措施，去除內飛，外包裝紙帶進來台灣再包裝。

若餅面有明顯的霉點，色澤暗沉或條索不分明，色澤近似渥堆熟茶，那這茶有可能是熟生拼配或熟茶，或濕倉過後再出倉乾燥，或人為發酵做舊樣子。

2. 茶湯色澤：湯色一定是透亮的。顏色深淺與年份有關，顏色深，但不渾濁。茶湯渾濁一定有問題。

3. 品賞滋味：老的普洱茶，湯質潤澤飽滿且帶甜是基本的要求。若年份夠久，苦澀味會退盡。若乾倉存放得宜，而年份不足，尚存的苦澀味會很快化開，變成甜而潤喉，喉韻潤滑、甘甜爽口。如果不是這種感受，則有可能是較長時間的濕倉過程，或環境太潮濕，或人為輕發酵。再存放一段時間，若喉韻出現燥、乾、膩的現象，則可確認是上述的濕倉過程、或環境太潮濕，或人為輕發酵的半生茶乾倉存放。

4. 陳香：越陳越香是普洱茶的特性之一。陳香是老普洱茶的重要魅力，是衡量老普洱茶的重要指標。好的陳香要明顯、舒服、純雅。十年以上的存茶，每約五年會有香型的變化，由粗轉中、轉細；若以樟香的變化來講，由青樟香而野樟香，進而淡樟香。青樟香有自然新鮮、清雅秀緻，青春之美；野樟香則顯內蘊濃郁沉穩、香勁濃釅，熟魅之美；淡樟香則是香氣幽長、清逸脫俗，有禪境之美。

2002年中茶7582外包裝及退包裝的表現

5. 茶氣：可參考本書輯一〈品賞古樹普洱茶的茶氣、茶韻、茶香、滋味〉第一節。

6. 回味：老普洱茶，喝完一泡若不進任何飲食，則在二個小時內仍感齒頰生津、喉韻甘香、回味綿甜。

7. 細賞葉底：這個步驟非常重要，好的老普洱茶，泡完後的葉底色澤接近一致。葉片葉脈清晰，摸起來有彈性，搓揉在手上不會軟爛，且還有潤性，三十年以上老普洱茶，葉底可見破壁現象（俗稱蟾蜍皮）。若是渥堆的熟茶或濕倉過久，葉片會軟爛；若是烘焙過度的造假茶則葉片呈炭化的現象，再如果葉底花雜，混有一定比例梗葉，可能是散茶輕發酵後翻壓過的，甚至有結塊泡不開的，一般是經過重度濕倉存放，再出倉乾燥。

依個人經驗，老普洱茶價格合理，又口感漸入佳境的是十五～三十年之間的茶，建議茶友可買已有十年茶齡的普洱來存放，而喝十五年以上的老茶，這樣成本較低，存量放大，十五年可以賣出一些，自己品茶費用就可以大降。若存量再放大，三十年茶齡的老茶價格都很好，售出一部份，基本上自己喝的茶可以不用花錢，若量夠大是可以小賺一筆的。

為什麼要買十年以上茶齡的普洱茶存放？

中茶綠印沱茶

新的古樹普洱茶，乾倉存放十年，幾乎可以預測其後面香氣、茶氣、滋味的轉化，且其價格還便宜，對收藏者成本壓力較低，後續發展可以把握。

基於這個觀點，這裡特別介紹茶友，**中華人民共和國國有經濟時期，幾款值得收藏的經典之作：**

一、八〇年代紅印圓餅（已夠有名，文字不贅述）

二、一九九二中茶紅中紅

三、一九九七中茶紅印鐵餅

四、二〇一〇中茶紅印圓餅上海世博會紀念茶

現在市場上有一款後期金瓜貢茶，值得介紹一下：

金瓜貢茶始於清雍正七年（即西元一七二九年），由雲南總督鄂爾泰在寧洱縣建立貢茶廠，選取西雙版納最好的女兒茶製成[1]。

傳說金瓜貢茶的茶葉，均由未婚少女採摘一級的芽茶，採下的芽茶，先放在少女肚兜中，積到一定數量，才取出放在竹簍裡，這種芽茶配一～三級茶菁做成金瓜型狀的團茶，經長期存放，轉變成金黃色，為上貢朝廷之珍品，因此被稱為金瓜貢茶。而單一芽茶有一部分製成宮廷普洱散茶。

若說女兒茶為普洱茶中的珍品，有若普洱茶家族中的嬌羞公主，那金瓜貢茶就如太上皇。

1 普洱女兒茶有二種文獻記載，西元一七五五年左右出版的《滇南新語》說：「女兒茶亦芽茶之類，取於穀雨後，以一觔（斤）至十觔（斤）為一團。」一八二五年左右出版的《普洱茶記》則說：「採於三、四月者名小滿茶，採於六、七月者名穀花茶，大而圓者名緊團茶，小而圓者名女兒茶……即四兩重團茶也。」民間的說法是：作為貢茶的女兒茶，採自六大茶山的茶園，每年穀雨前，由夷族未婚少女採摘芽尖，先於懷中集放一定數量，才放到竹簍，販賣後的財資，積為嫁妝之用。

這裡介紹的後期金瓜貢茶及宮廷普洱散茶是民間廠商，依歷史考據製作的絕版貢茶品，經過二十～三十年的醇化，已是上乘臻品老茶。

金瓜貢茶及宮廷普洱，飲之茶氣綿柔，若太極之運，細、慢、長；韻如極品墨玉的潤澤透亮；香如沉香之華，隨著天候的變化，有時會有蘭香、檀香的呈現。

品飲此茶，有與歷史文化結緣，感悟生活的特殊禮讚。

在現代養生的保健上，諸多實驗和愛茶者的回饋資訊中顯示，常飲能促進血脂肪的新陳代謝，降低血脂，平衡膽固醇，滋味獨特，有明目清心、健脾、開胃、潤喉的養生意義。

宮廷普洱

1985-1990年 陳年金瓜貢茶

陳年金瓜貢茶的湯色

陳年金瓜貢茶的葉底

收

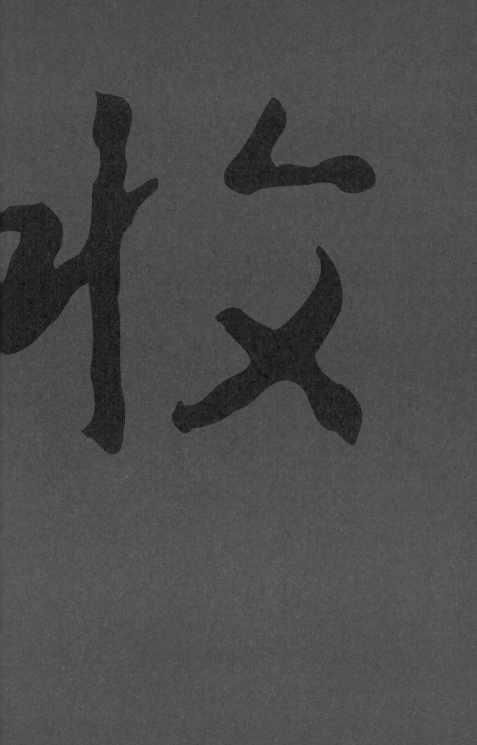

藏

輯三 收藏

私人收藏是種對人類文明創作的嚮往和佔有慾；透過現代藝術拍賣公司的仲介交易，收藏變成一種怡情養性兼投資增值的財富累積方式。隨著投資思維的多樣化，個人嗜好的多樣性，收藏品項精彩，從藝術創作、名牌精品，到近年興起的陳年普洱茶……。

茶友在從事「收藏」時，不論怡情養性或投資，美國金沙集團老闆Sheldon G. Adelson的名言：

只有「當您做對的事」的時候，財富才會像影子一樣，緊緊跟著您，趕也趕不走。

是您不二的座右銘。

收藏的起點——古樹普洱茶的原料與產區

茶葉中水浸出物是指茶葉經過沖泡後溶於水的物質的總稱。水浸出物含量的高低直接影響普洱茶品質的優劣，與茶湯的色澤滋味及濃度密切相關，故茶葉中的水浸出物含量通常是評定茶葉品質好壞的重要指標之一。

說書人 吳東昇作

第一節 原料的認定

一、古茶樹多為喬木大葉類型

市場上的認定，有三種分野即：⑴古茶樹，指樹齡高達三百年以上或上千年的古茶樹；⑵栽培型古茶樹，指樹齡在一百～三百年間的古人栽培野放的茶樹；⑶老茶園茶樹，一般指由野生茶樹培植，自然生態成長，樹齡近百年者，茶樹連山成片狀，構成茶園的景觀。

上述三種普洱茶樹，茶樹與其他樹種、矮草共生，形成遠看是森林，近看是茶園的自然生態系統。天然落葉和季節性枯萎的草是自然堆肥，生態自然平衡性狀態，少有病蟲害和突發性危害，故不需施肥，不需農藥防治，且茶農按時採收，代替人工修剪管理，是一種道地的天然產品。

根據官方的調查，雲南省現有古老茶園約六十萬畝左右，市場上知名的產地以西雙版納州轄下的勐海縣諸山、勐臘縣諸山以及普洱市瀾滄縣的景邁最為有名。

相對於古樹茶，市場上流通的最大宗普洱茶，以臺地茶為原料製成。臺地茶的界定，是指一九四九年，中華人民共和國成立後，為擴大生產規模，尤其文革期間，「抓革命，促生產」的口號號召下，新茶園設於坡度低的山腳，採條栽密植，集中連片，追求高產量的茶園管理模式。

根據官方的調查，臺地茶的茶園有近三百萬畝。農業專家建議，為了臺地茶園的永續經營，將之改造成有機茶園，或無公害茶園，是未來發展的方向。

二、何謂大葉種茶樹

為了方便茶友有一個一致性的認知，這裡採用雲南農業大學普洱茶學院的說法。依分枝部位的不同，可分為：(1)喬木型。植株高大，分枝部位有明顯主幹，自然生長的喬木茶樹，樹冠為半開展狀；(2)小喬木型，基部主幹明顯，茶樹樹冠呈直立狀或半開展狀。葉片大小取新梢基部以上，第二、三葉位的定型葉，葉片一般長度

古茶樹茶園

落葉自然堆成有機肥

古茶樹

少數民族少女在茂密的野生茶樹上採茶

為十二・七～二十五・三公分，寬五・八～九公分；或以葉脈的對數來界定：一般葉脈十對以上稱為大葉種。春芽萌發期在早春，育芽力强，密度適中。芽葉產量高且豐富，芽葉肥壯，茸毛特多，持嫩性强，其葉形橢圓，有光澤，厚而柔軟，以一芽二葉的精緻毛料看，百芽平均重約一百五十公克。內含物質豐富，其中一芽二葉鮮葉，含有茶多酚三十三・七六%（±三%）、咖啡鹼四・〇六%、氨基酸一・六六%，兒茶素總量一百八十二毫克/克，水浸出物四十八%。

茶葉中水浸出物是指茶葉經過沖泡後溶於水的物質的總稱。它包括氨基酸、多醣體、黃酮素、茶多酚、兒茶素、寡糖、總醣以及多種礦物質，如：硫、磷、鉀、鈣、鎂，以及微量元素，如：鋅、鐵、銅、錳、硼等，都是人體必須的營養成分。水浸出物含量的高低直接影響普洱茶

優質茶菁採用一心兩葉，若一泡茶的葉底多數是一心兩葉，則必是精品

品質的優劣，與茶湯的色澤滋味及濃度密切相關，如果水浸出物含量低，不僅會使得茶湯湯色淺，還會造成茶湯滋味淡薄，故茶葉中的水浸出物含量通常是評定茶葉品質好壞的重要指標之一。

不過就市場的實際情況來講，是不是大葉種古樹茶，不是僅依葉片的大小情形來判斷，而是依茶氣、整體滋味來辨別，因為葉片的大小，若是灌木小樹茶，施肥後，放慢七～十天採收，葉片可以長得跟大樹茶的葉片一樣大，茶氣則是古樹茶獨具的特色，這點區分，提出供茶友參考。

三、生長的地理環境

就生長的地理環境而言，普洱茶主要產區在西雙版納和普洱市一帶，位於北回歸線（北緯23°26'線）以南，約在北緯20°08'～24°50'，東經99°01'～102°19'之間，屬南亞熱帶地區及熱帶北緣，日照充足。由於雲南高原地形，氣温平均在攝氏十八～二十度，降雨量年平均一千五百公釐，年平均濕度八十％，具有温熱濕潤的天然條件。山系有哀牢山、無量山等高山系；河域有瀾滄江、李仙江、怒江等大河域，海拔在三百～三千四百公尺之間，高山及山坡地面積九十五％以上，它具有熱帶雨林、季風雨林影響的亞熱帶綠闊葉林，是北回歸線上的唯一綠州，自然條件和生態環境使其成為茶樹原產地的中心地帶。而古茶樹，則生長在海拔一千五百公尺以上的山區為主。其中主要核心產地在西雙版納州，面積一萬九千一百二十五平方公里，下轄勐海縣、景洪市、勐臘縣，共有三十二個鄉鎮，人口約八十八～九十萬人。其他行政區轄下的茶山為：臨滄、鳳慶、雙江（勐庫）、景邁、江城……等。

第二節 產區概述

一、市場通稱的古六大茶山

（一）攸樂

攸樂位於雲南西雙版納州景洪市境內，今稱作基諾山。這裡的古茶園有一萬畝左右，海拔在五百七十公尺至一千六百九十一公尺之間。攸樂的茶葉過去大

茶

德宏竹筒香茶

多被易武、倚邦等外地茶商以散茶收購，目前因為交通方便，攸樂茶區的茶品多由專人定點收購。

攸樂山茶葉屬喬木大葉種，口感與曼撒、易武接近，舌面苦澀度較高。

（二）革登

革登在勐臘縣境內，史料記載，清嘉慶年間，革登八角樹寨附近有茶王樹，傳說為諸葛孔明所栽。茶王樹現已枯死，只留下一個根部腐化而成的洞穴作為曾經存在過的證明。今天的革登，老茶樹所剩無幾，僅存茶房、秧林、紅土坡等幾片古茶園。

革登山茶葉屬喬木中小葉種，湯色橙黃，香氣自然，入口微澀，回味鮮甜爽口。

（三）倚邦

倚邦位於勐臘縣象明鄉境內。倚邦在傣族語中被稱為「唐臘」，即茶井的意思。在六大茶山中倚邦茶山的海拔最高，三百六十平方公里的面積幾乎全是高山。

明末清初石屏人開始落居倚邦，建茶號。清朝的貢茶即以倚邦茶為主，可以說普洱茶之名從倚邦開始。清朝中後期，普洱茶製茶

1993年瑩毫沱茶

交易中心轉往易武，倚邦漸趨沒落。近年來普洱茶再度興起，倚邦這座古代茶葉重鎮，又重獲矚目。

倚邦茶山的茶葉屬喬木小葉種，茶芽細長，湯色橙黃，味純正，回甜甘醇，尤以特殊香型著稱。

根據象明鄉鄉長李文國的說法，倚邦古茶山至今仍保存著的古茶園總面積有兩千九百五十畝左右，樹齡在三百~五百年，上百畝連片的小葉種古茶園，小喬木型。

倚邦茶具有雲南所有普洱茶中最為「柔美」的雅譽，茶湯苦澀低而湯質綿長回甘，氣韻鮮爽，陳化後，香中有微蜜感。

倚邦製茶起於明末清初，比易武區時間稍早一些，光緒末期開始衰退，直到一九八〇年代才回復製茶產業，二〇〇三年後，漸趨興旺。

史料記載，雍正皇帝於一七二六年派鄂爾泰出任雲南總督，推行「改土歸流」的統治政策，三年後設立普洱府治，控制普洱茶的購銷權利，並設「普洱貢茶廠」專門生產貢茶，同時推行歲進上貢芽茶，選最好的普洱茶進貢京師皇室，以博得皇帝的歡心。

此項制度，據史籍記載，從雍正皇帝到光緒帝，達一百八十年之久。清朝末代皇帝溥儀曾提及，皇室成員之所以喜歡普洱茶，一是普洱茶解油膩、助消化，皇室珍饈吃得多，要以普洱茶解之；二因普洱茶獨特的陳香味。傳說慈禧太后晚年最喜歡喝普洱茶。

（四）莽枝

莽枝位於勐臘縣，它連著革登茶山和孔明山，元代即有成片的茶園，是六大古茶山北區的重要茶園。

莽枝茶山面積不大，但茶葉質量較好。由於種種原因，莽枝茶山在二十世紀四〇年代末期開始荒蕪，直到八〇年代才又開始重現光彩。

莽枝茶山的茶葉屬喬木中小葉種，湯色呈深橙黃色，入口較苦澀，回甘強烈、生津快，香氣清爽怡人。

（五）蠻磚

蠻磚的茶山包括蠻林和蠻磚等地。蠻磚茶歷史悠久，清朝阮福《普洱茶記》中記載：「普洱茶名遍天下。味最釅，京師尤重之。但茶產攸樂、革登、倚邦、莽枝、蠻磚、曼撒六茶山，而倚邦、蠻磚者味最勝。」蠻磚茶區現今還保存有一些古茶園，其中蠻林有一千多畝生長較好、密度較高的老茶園，茶樹的樹齡都在二百年以上。

蠻磚茶山的茶葉色澤較深，湯色橙黃，口感質厚香滑，舌面微苦，回甘强烈，香氣沉鬱。

（六）易武／曼撒

易武位於雲南西雙版納傣族自治州東北部，是著名的茶馬古道的始發地，也是普洱茶的原產地之一。易武盛產茶葉，明、清時期，這裡茶莊林立、商賈雲集，有著數百年的向中央王朝貢茶的歷史。近年來，隨著人們對茶馬古道的探索，古鎮漸漸重煥光彩。

曼撒現稱易武山，位於雲南西雙版納州勐臘縣境內，距易武鎮二十公里，與老撾僅一界之隔，乃古六大茶山之一。茶區內地形複雜、落差大，海拔最高為一千九百五十公尺，最低則為七百五十公尺。曼撒土質肥沃，是發展優質高產茶量的好地方。據史料記載，清朝乾隆年間，曼撒茶葉年產在萬擔以上。在鼎盛時期，曼撒老街長達數百公尺，人口多達三百戶，車水馬龍，往來雲集。

這裡特別推薦黎明茶廠二〇一一年的易武正山大樹茶，此茶依古典籍記載，配方採大易武區—刮風、麻黑、落水洞、高山等大寨為原料拼配，非現代茶廠强調的單一產區茶菁。此片茶餅，茶葉肥碩寬大，茶氣渾厚，湯色透

2011年黎明茶廠推出的易武正山大樹茶包裝及退包裝表現

亮，香氣濃郁，滋味甘甜醇厚，是當代易武大樹茶的標竿之一。

二、市場通稱的勐海六大茶山

勐海縣下的茶山，據二〇〇九年中國地方政府資料，全縣種植面積三十五．一萬畝，可採面積二十三．三六萬畝，乾毛茶產量十二萬八千八百噸，其中古茶園有四．六萬畝及零星分布的野生及栽培型古茶樹聚落。

（一）南糯山

位於勐海縣格朗和鄉的南糯山，已有一千七百多年的種茶歷史，最早由布朗族居住，現在則以哈尼族為主。現有茶園二萬多畝，現存古茶園約有一萬畝左右，大多為三百年以上的古茶樹。古樹茶主要產地在半坡老寨，再往上則是丫口寨，最有特色的南糯山茶則是八馬。

平均海拔一千四百公尺，是西雙版納有名的茶葉產地。這裡生長著一株樹齡超過八百年的栽培型茶樹王，因此被譽為「茶樹王之鄉」。

南糯山的茶葉，歷來以葉肥、芽壯、毫白、質優而聞名，最著名者當數「南糯白毫」。阮福《普洱茶記》有載：「二月間開採，蕊極細而謂之毛尖。」這毛尖茶葉就産於南糯山。

南糯山茶葉屬喬木大葉種，湯色橙黃透亮，微苦澀，回甘生津頗佳，透著蜜香和蘭香。

（二）布朗山

布朗山位於勐海縣南八十公里處，南部與緬甸山水相連。布朗山是布朗族的主要聚居區，總面積一千多平方公里。

布朗山古茶樹王群落，始於公元六百九十五年，是中國雲南少數民族的一支——布朗族歷經千年人工養育的萬畝古茶樹王群落。布朗山地處偏僻，交通極為不便，也因為並未被現代文明所沾染，至今仍保存著完整的原生態環境。

該地域海拔一千七百～二千五百公尺，年平均日照時間為一千七百～二千三百小時，年降雨量一千五百～兩千一百公釐，年平均氣溫攝氏十六．八度，具備茶樹生長的得天獨厚的環境。布朗山的土壤主要為紫岩風化而成的磚紅壤，養分積累快，有機質含量高，能給茶樹生長提供豐富的營養。

布朗山茶葉屬喬木大葉種，湯色橙黃透亮，口感濃烈，回甘快，生津强，香氣獨特，是衆多普洱茶愛好者的收藏佳品。

（三）巴達山

巴達山位於勐海縣西部，與緬甸僅一江之隔，這裡是布朗族與哈尼族聚居的地方，面積為三百多平方公里。在巴達山地的小黑山，連綿生長著大片的古茶樹。其中有一株被譽為「茶樹之王」的野生茶樹，高三十四公尺，主幹直徑約一公尺，是迄今發現最大的一株野生茶樹。據專家測定，這株野生茶樹有一千七百多年的樹齡。

巴達山的茶葉屬喬木大葉種，湯色橙黃透亮，味略苦澀，回

雲南勐海七子餅茶7540及0432

甘、生津快，條索墨綠油亮，有蜜糖香、梅子香，香氣好。

（四）千家寨

千家寨位於雲南哀牢山自然保護區，鎮遠縣九甲鄉，以擁有一棵兩千七百年樹齡的野生大茶樹而聞名。據估計，千家寨古茶樹保護區內約有兩千多畝，一千多棵古茶樹，分布在海拔兩千一百～兩千五百公尺高度之間。規格與數量頗為可觀，是保存最原始、最完整的茶樹植物聚落。九甲鄉因地處邊緣，而今保存較完整。

千家寨茶醇厚甘潤，可以滲透舌底，滿口滋潤，喉韻潤澤，入胃溫和。

（五）勐宋

與南糯山隔流沙河相望，茶樹與森林雜生，多小喬木的古茶樹，以竹筒茶成名。現存古茶園約有三千多畝，主要在大安、南來、保塘、壩檬、臘卡等寨子，其中臘卡產的茶有人拿來與班章、南糯山的茶相比。

（六）賀開

現存古茶園近萬畝，是連片狀。茶樹開枝盤踞在整片山坡，景致壯觀。主要的寨子為：曼弄新寨、曼弄老寨、邦盆老寨、曼邁老

寨等，其中邦盆老寨距離布朗山的老班章產區，僅隔約三公里，古茶園相連，要怎樣區分，當地人比較清楚。

在勐海產區裡，二〇〇八年黎明茶廠推出兩款大樹茶，稱為紅經典、藍經典，採各大茶山的大樹茶菁集合式原料拼配，主要有南糯山、布朗山、賀開、巴達山等；此茶特色，用中國人的喝茶口氣講，是謂：霸氣十足、滋味醇厚。

這兩款茶是扈堅毅廠長退休前最後兩款拼配茶，堅不肯說明拼配比例、茶菁細節，靜待普洱愛好者品評。

三、西雙版納州之外的著名茶山

（一）景邁

景邁位於雲南省思茅市瀾滄縣。景邁茶區包括瀾滄縣景邁村與芒景村，地處亞熱帶地區。這裡氣候温和、雨量充足、土壤肥沃，分布著近萬畝栽培型古茶樹。據茶樹專家研究，這些古茶樹己有一千多年的樹齡。雖然樹齡已高，它們至今依舊枝繁葉茂，年年產茶，而且茶葉品質優良，茶體肥嫩柔軟，白毫豐滿。

景邁茶葉湯色黃亮濃稠，香氣純正持久，滋味甜醇濃厚，鮮活

景邁古茶樹特有的寄生菌植物，俗稱螃蟹腳

生津，回味悠長，實乃不可多得的好茶。

根據當地文史學者研究，這片二・八萬畝古普洱茶樹林，東西寬六・六公里，南北長一〇二公里，海拔一千四百公尺，迄今已有一千二百多年歷史，堪稱為天然茶樹博物館。古老茶園與原始樹林，交錯叢生。這片天然古茶林，正透過權威專家的考察和論證，申報「中國民間文化旅遊遺產示範區」，準備推動觀光旅遊路線。

（二）鳳慶

二〇〇七年鳳慶縣成立古茶樹資源普查組，對野生型、栽培型古茶樹進行普查，得到的結論是古茶樹資源面積為五萬六千多畝，全縣大小古茶樹群聚落十七個，面積三萬一千多畝。

據普查鑑定，這些古茶樹係滇緬茶種，最大株周長一・四九公尺，直徑〇・四五公尺，高二十多公尺，當地彝族稱這株大茶樹是大尖山上的「茶王」。

栽培型古茶樹有六個群落，面積三千多畝，分別生長在永新鄉團結村、大寺鄉平河村等地。全縣有百年以上到五百年之間古茶園八大片，分別生長在小灣鎮香竹箐、大寺鄉平河村等地。特別是現存的鳳慶香竹箐人工栽培型古茶樹，周長為五公尺，直徑一・五九公尺，樹高十・二公尺，樹幅十一・一公尺×十一・三公尺，根徑一・八四公尺，胸圍五・八公尺，有專家科學推算樹齡在三千二百年以上，是祖先留給後人不可多得的歷史財富，也是古茶樹資源的活化石，更是茶樹起源地中心和悠久種茶歷史的有力佐證。

香竹箐古茶樹群，連片集中，生長茂盛，根部造型神奇，別具一格。

目前，鳳慶茶區已普查到鳳慶大葉種古茶樹在百年以上、千年之間樹齡的古茶樹一萬多株，這些古茶樹，當地百姓叫做「真家茶」。

（三）臨滄

栽培茶園一百萬畝，其中高優級生態茶園三十五萬畝，年產五萬噸以上，加上八十萬畝野生古茶園，面積達一百八十萬畝。到二〇一〇年，茶園面積達到二百二十萬畝，其中高優級生態茶園六十五萬畝，有機認證茶園三十萬畝，產量突破十萬噸。

主品種：勐庫大葉茶、鳳慶大葉茶。

主產滇紅。臨滄又稱滇紅之鄉。

一九三九年臨滄首座滇紅茶廠設在鳳慶，已有七十年歷史，其品質更被評為有祁門紅茶的香氣，錫蘭紅茶的色澤。出口紅茶佔五十%以上，是中國紅茶最大出產地。

（四）勐庫

勐庫位於雲南省臨滄市雙江縣。臨滄的勐庫野生型茶樹群落，是目前全世界發現的海拔最高、密度最大的茶種群落。勐庫大葉種是有性系優良茶樹品種，樹冠高大，樹姿開張。芽葉肥壯，茸毛多，持嫩性强，茶多酚與兒茶素含量高。春茶一芽二葉，含咖啡鹼四%左右，茶多酚三十二%以上，每克茶葉含兒茶素一百八十多毫克，較適宜製成普洱茶。

勐庫出產的生茶，茶性較烈，富刺激性，新製或陳放不久的生茶有强烈的苦味、澀味，湯色一般較淺或呈黃綠色。

（五）景谷

景谷位於雲南省思茅市景谷縣境內，素有「林海明

勐庫戎氏七子餅曾得金牌獎

珠」、「芒果之鄉」、「佛教聖地」等美稱。景谷歷史悠久，據考古證明，三、四千年前景谷就有人類居住。

景谷地勢以山地高原為主，最高海拔二千九百二十公尺，最低海拔六百公尺。由於境內山高谷深，海拔差異大，氣候呈明顯的垂直變化，故茶葉口感差異也較大。

景谷茶葉條索不長，葉質厚，湯色清澈透明，滋味鮮嫩醇爽，時有香甜味，嫩香突出，葉底芽葉完整黃亮，品飲之餘亦頗具觀賞價值。

（六）無量山

無量山古稱蒙樂山，取「高聳入雲不可躋，面積寬廣不可量」之意而得名，金庸先生在武俠小說《天龍八部》裡，就有頗多篇幅描寫無量山。無量山位於雲南省的西南部，屬於橫斷山脈，與哀牢山同處於青藏高原、橫斷山系和雲貴高原三大地理區域的接合部，總面積三萬多公頃。

無量山屬於中亞熱帶、亞熱帶的過渡地區，自然環境條件複雜多樣，由於境內山高谷深，海拔差異大，氣候變化明顯，故茶葉口感差異也較大。

無量山的茶葉湯色橙黃明亮，入口苦澀度不高，香氣嫩香濃郁，滋味醇厚回甘，葉底嫩勻明亮。

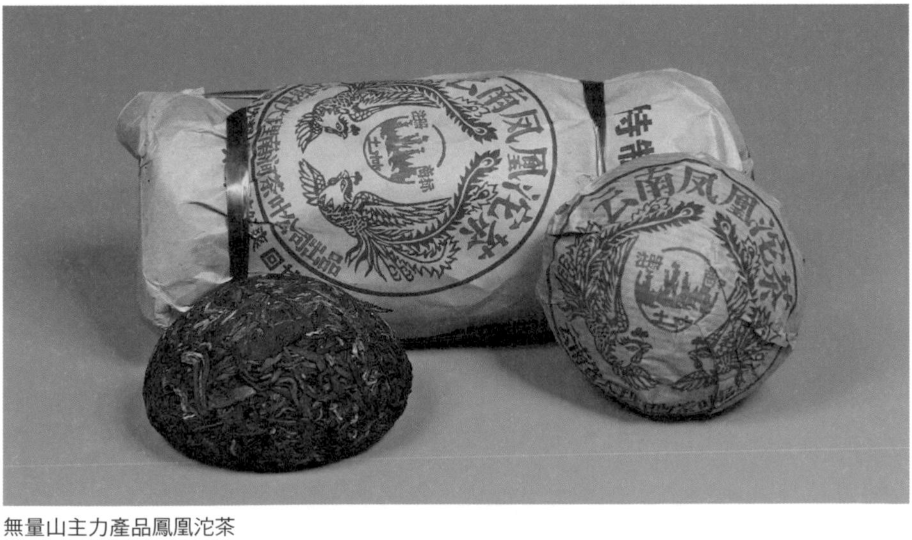

無量山主力產品鳳凰沱茶

古茶樹

人工經營的台地茶園

野放型台地茶園

易武矮化型古茶樹，方便採摘

收藏的精品──老班章茶區、易武茶區及拼配茶的典範

班章王、易武后是西雙版納人對班章與易武兩個茶區的封號。因此，這兩個茶區的毛茶製成的普洱茶，被收藏者視為精品。

第一節　老班章茶區──班章王

班章位於雲南省西雙版納州勐海縣南方約六十公里處，平均海拔一千七百公尺，由於班章茶產於土地肥沃、氣溫與濕度適中且無污染的勐海縣高山林區，所以茶氣清香獨具，回味甘甜爽滑，且經久耐泡，故倍受好茶之人的青睞。主要包括：老曼峨、老班章、新班章和曼新龍等寨子，以布朗族為主，其中老班章茶最具盛名。

老班章究竟有多少棵大葉種古茶樹呢？據老班章村民小組二〇〇七年統計，老班章現有古茶樹：一百年以上有七萬八千五百棵；兩百年以上有七萬零八百八十六棵；五百年以上有三萬七千零七十六棵；八百年以上有九千四百一十二棵。班章茶產量，全年約有二十～三十噸。

班章茶的滋味，入口苦，慢慢化開，幽幽的茶香在口中迴盪，絲絲回甘在喉頭打轉。茶氣特強，在普洱茶界共識最大的稱謂是「茶王」。

老班章茶由於質好，到二〇一〇年，毛茶的收購價已在一千～一千二百元人民幣，二〇一二年預付款收購價已達人民幣每公斤二千元。利益之所在，仿冒版就跟著出現。因此，品鑑老班章茶有幾個方法可以辨別：

1. **茶氣：**通常喝過一～三杯後，茶氣即上湧，微冒輕汗。領悟茶氣的方法，可參閱本書，談茶氣、茶韻、茶香、滋味的專章。

2. **試耐泡度：**老班章茶正常的放茶量，可沖泡十五～二十一次，茶湯仍會香甜回甘，葉底還有特殊香氣。

3. **品嚐滋味：**老班章茶因為苦中帶有明顯的甜，但苦轉化很快，茶湯在口中一分鐘左右就轉為甘。飲過老班章茶湯之後整個口

註：二〇一七年老班章毛茶收購價每公斤八千～一萬二千元人民幣。

黎明班章王的餅型與包裝

黎明班章王的葉底

2004年黎明班章王的湯色

腔和咽喉會感到甜而滑潤，而且時間會很長，如果沒有吃什麼刺激性食物，這種甘潤感會持續幾個小時。表現上，蘭香濃郁、持久，滋味醇厚、純正、濃釅、稠爽、飽滿，回甘生津，强烈而持久。

4. 看湯色：正常存放的老班章，湯色明亮金黃，存放一段時間後，向黃紅轉變。湯濃郁且透亮，是其最主要特點。

5. 香氣：老班章在茶湯、葉底、杯底都可以嗅到香氣。杯底留香比其他產區的古樹茶持久，香型有蘭香、花蜜香（或稱桂花淡香）。茶餅打開，香氣凸顯，氣韻强烈。

6. 條索外型：條索粗壯，芽頭肥厚呈銀黃色。

7. 查看葉底：充分張開的葉底肥厚完整，用手去搓揉，細膩柔滑，且香氣猶存。

現在市場上有以勐宋苦茶做底，拼配其他茶製成的仿老班章茶。這種茶的鑑別比較容易，從外型上看，條索不像老班章那麼整齊粗壯，尤其沒有老班章茶的粗壯多絨毛的芽頭，飲之苦澀明顯且長久，湯中基本無甜感，香氣不夠强烈持久，回甘一般，葉底稍雜且不肥壯。或者，以粗壯些的、苦味重的台地茶製作，這種「老班章」從外型、口感與老班章都有明顯區別，很容易區分。市場上還有一種老班章熟茶，如果見到了，不必問，一笑置之也就行了。

最近，國營黎明茶廠出品的「班章王——雲南老班章野生茶」，精選老班章古樹茶菁純料精製；一千克大器餅型，彰顯班章王的卓爾不群，有「文王既出，天下景從」之勢。

這片茶餅，**茶氣特殊，飲之氣蘊丹田通二脈，氣機如田田荷花綻；韻如旭日初昇，雄偉渾厚，照射江山萬里紅；香似秋桂之園，繚繞不絕。**

其滋味醇厚、純正、濃釅而飽滿，回甘生津強烈，久久不息。

品嘗此茶，感動之餘，試作〈黎明班章王頌〉以誌之：

日月精華以育之，大地沃美以哺之，
鍾山川之靈稟，應機而出便稱王。
此茶天賜助道品，得之是大機緣！
一杯氣機啟；
二杯蘊真氣；
三杯便得氣脈通，何須苦心在數息；
四杯田田荷花綻，遍啟潛能般若增；
五杯身心虛、一、靜；
六杯虛室生白，吉羊止止[1]。

班章王的茶韻，如旭日初昇，雄偉渾厚，照射江山萬里紅

1 虛室生白，吉羊止止。語出《莊子》，意謂修行到高深處，一下亮了，內外光明，什麼都看見了，功夫做到這一地步大吉大利，真正的定靜。

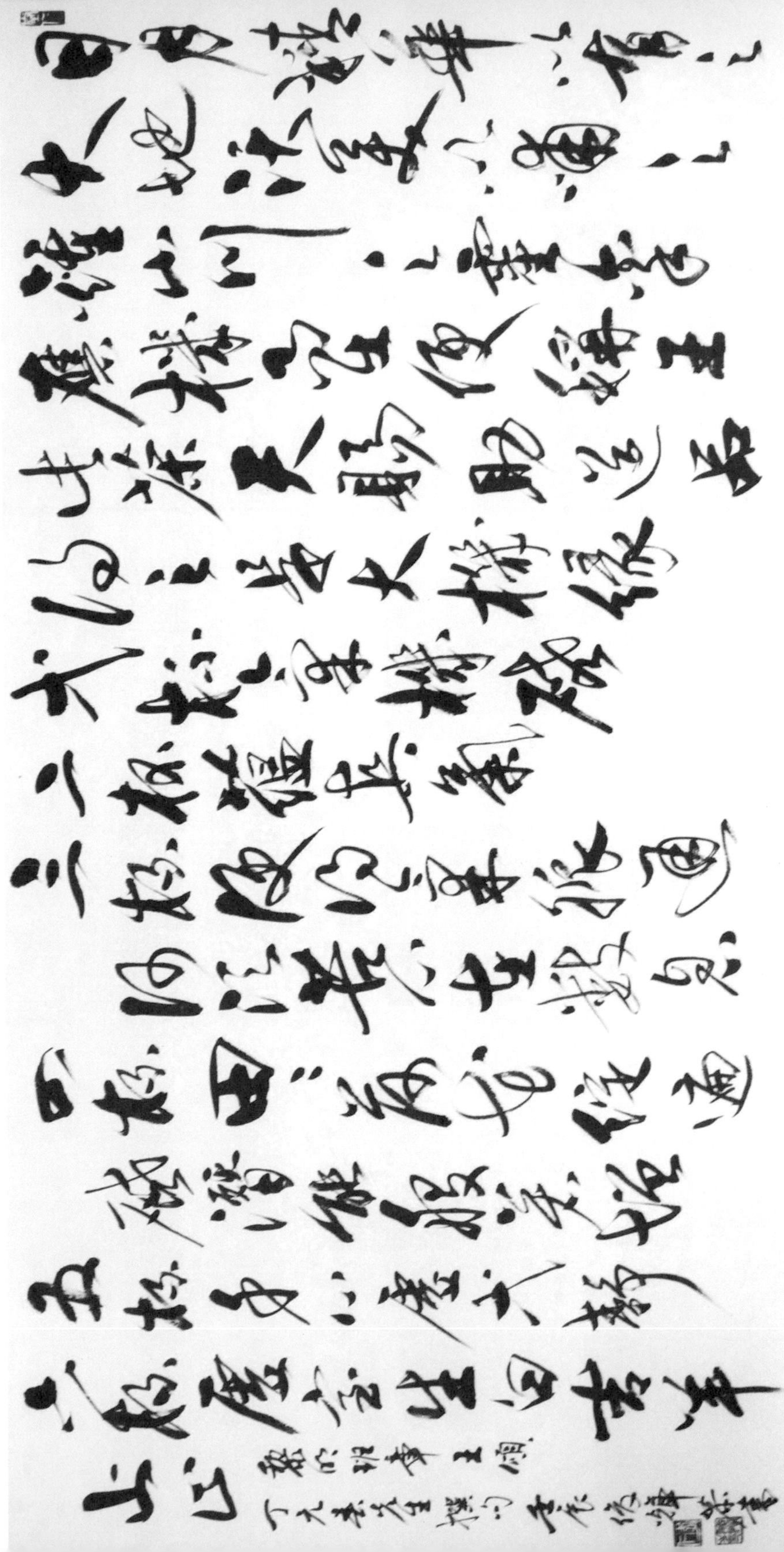

黎明班章王頌　李俊輝老師書

第二節 易武茶區[2]——易武后

易武是普洱茶最早的集散地之一，唐代時被稱為「利潤城」，是滇藏茶馬古道之源頭。乾隆年間，許多石屏人紛紛遷居易武種茶，用傳統方法製作的「七子餅茶」作為貢茶，加工精細。《雲南經濟滇茶》說：「於二月間（陰曆）採蕊極細而白謂之毛尖以作貢，貢後方許民間販茶。」七子餅茶採用的是上等好茶菁，要講究花色，共計八色貢茶[3]。道光皇帝品賞之餘，龍心大悅，特賜「瑞貢天朝」匾額，以詔後人。

易武古樹茶，葉片大、持嫩度高，適合一芽三葉的採法，細緻的則是

古六大茶山茶文化博物館

帝賜「瑞貢天朝」遺蹟

2 易武茶區古樹茶，二〇一二年五月毛茶第一線盤商交易價，每公斤五百～六百元人民幣，二線盤商則價格更高一點，約在七百五十元人民幣。

3 據阮福《普洱茶記》的記載，普洱貢茶分為「三種八色」的茶品，即：五斤重團茶、三斤重團茶、一斤重團茶、四兩重團茶、一兩五錢重團茶、瓶裝芽茶散茶、蕊茶散茶，以及匣盛茶膏，合稱八色貢茶。

註 二〇一七年易武大樹毛茶收購價每公斤（人民幣）第一線盤商大料一千八百元，單一寨從二千五百元、三千五百元到五千元不等。

一芽二葉。由於易武茶區在清朝時期即甚昌盛，在毛茶製作過程中的殺青、揉捻、製作條形（或稱拋條）都有上乘功夫，能夠體現易武茶的醇厚。

易武古樹茶茶湯呈琥珀色且清亮，滑潤而綿甜，茶韻細長。在香氣上，屬蜜香型，茶香柔和，有時微帶青樟香，杯底留香特別明顯，葉底張開有韌性。

若依毛茶的產區細分：高山寨的茶，湯色淺黃明亮，品嚐時有微澀感，但喉韻深長，回甘潤澤，香氣內斂，杯底高蜜臘香；三丘田的茶，湯色淺，香氣婉轉，回甘潤，市場有「三丘田，一口甜」之稱謂；麻黑的茶，葉片厚大，色澤深，湯色黃而明亮，茶有鮮澀感，唯韻味回甘明顯，杯底香氣濃郁。

這些細分，對消費者的意義不大，因為市場上，易武茶區十幾個寨子的茶，統稱易武茶，消費者體察前述大區域的特色即可，除非茶商特別强調山頭主義。

市場競爭激烈之下，茶商為區隔自己的特色，某些茶商，開始强化山頭主義訴求，參考鐵觀音或武夷、龍井、臺灣高山茶的行銷模式。但個人的看法認為：若走新茶推廣策略，山頭主義易彰顯自家的特色，區隔消費者，把消費者小衆化，滿足其稀有化的市場原理，易於提高售價，應該會成功。但若論古樹普洱茶的越陳越香價值，則山頭主義有待時間考驗。

從老茶師傅的口述裡，著名老茶都有獨門拼配不同茶區，把各方優點集合，以强化其獨特性，如近年被發現的中茶老紅印，即拼配有一定比例的螃蟹腳碎片，把螃蟹腳弄碎，即不容易被發現，其他茶的比例，尚不得而知。臺灣早年外銷的烏龍茶，頂級的茶品中，亦拼配有少量福建武夷岩茶；東方美人茶亦有山線產區拼配少量海線産區，以提高其味的甜香度……諸如此類，由於中國人的祕方觀念，有些好的配方往往失傳，真是可惜。

歷史上曾出現的著名品牌

同慶號茶莊一七三六年（清雍正十三年）於易武設廠製茶，直到一九四九年中華人民共和國成立，約於一九五六年左右，茶廠被收歸國有而停産，其間達兩百一十三年。現在市場上老同慶號的內票，以一九二〇年為分野，一九二〇年前為龍馬商標，一九二〇年後為雙獅旗圖（參見頁一四七）。由於一九九七年香港回歸中國因素，香港老茶樓如金山樓、龍門茶樓的主人，因移民之故，開倉賣出存貨，讓臺灣的茶商有機會收到這個國寶級的普洱茶，而今人才有緣見識到陳期六十年以上，易武古樹茶的滋味。

其他著名品牌，尚有敬昌圓茶、福元昌號、同興茶莊、車順號茶莊等。這些著名茶廠，都在一九四九年左右停產，應是中華人民共和國建國後，採共產主義國有化經濟體制，茶廠或國有化，或歸納到國營茶廠。清代建立的普洱茶著名堂號，現在只能靠僅存的絕品來回味。

這裡要特別介紹二〇〇五年復業的同慶號茶莊，首二批復業代表作「同慶號茶莊建莊２６９年紀念茶和２７０年紀念茶」，完全遵循**同慶號的傳統製茶工藝工法，從採摘、初製到壓製，過程均奉守六選六棄的嚴格要求。即：選季節、選天氣、選時辰、選地點、選採摘人、選全芽葉；六棄是：棄粗老、棄病葉、棄蟲葉、棄雜梗、棄黃變葉、棄污染。**完成的成品，條索排列流暢，邊沿緊實，整個餅形富有豐滿韻緻。現代新製普洱圓茶論優美形韻，當屬一流。

雲南同慶號的２６９年、２７０年紀念茶龍馬圖內票，係沿用大清帝國光緒年間正式奉旨頒行的商標，遵循祖先的立業精神：「正道製茶，商德為本」。此商標圖案表達的意義在內圓的祥雲、天龍、白馬、寶塔為構圖，意指天地乾坤、龍馬馳騁，天地人三和

帝國年歲納貢必備普洱茶，而同慶號是諸王公貴族及封疆大吏的主要茶禮，表達一種高貴優雅的誠意

2005年復業首二批產品

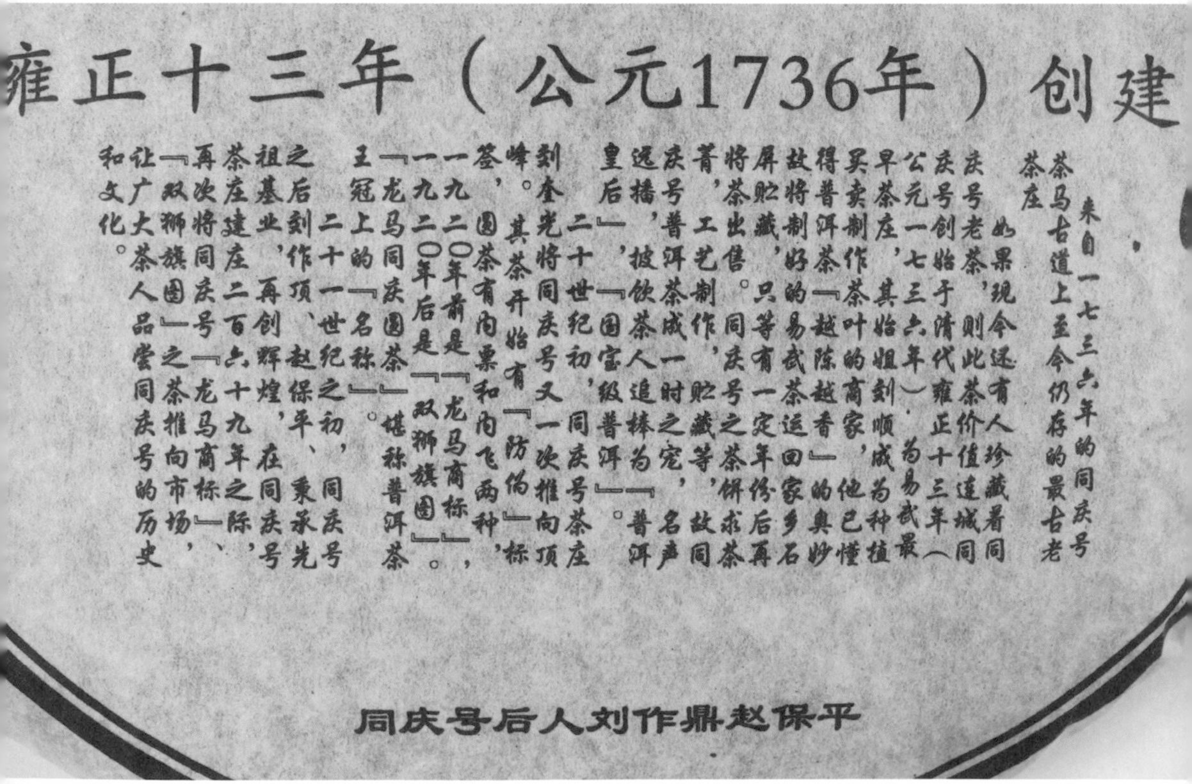

外包裝上對茶莊、茶餅歷史沿革之敘述

之內在精神，祥雲繚繞，飛龍在天，文之道也；復引：「馬踏飛煙，武之道也」，延伸出寶塔凌空、馬蹄飛煙行千里，讚其德而不稱其力，文治武

同慶號復業正式內票（正面）

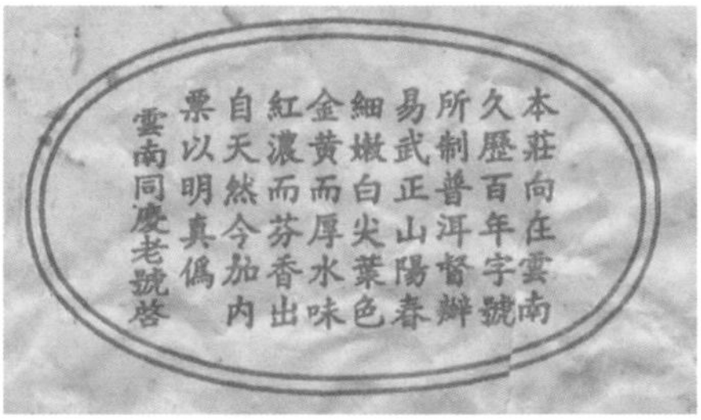

同慶號茶餅內飛文字

同慶號西元1920年以後內票，為雙獅旗圖

同慶號西元1920年以前內票，為龍馬商標

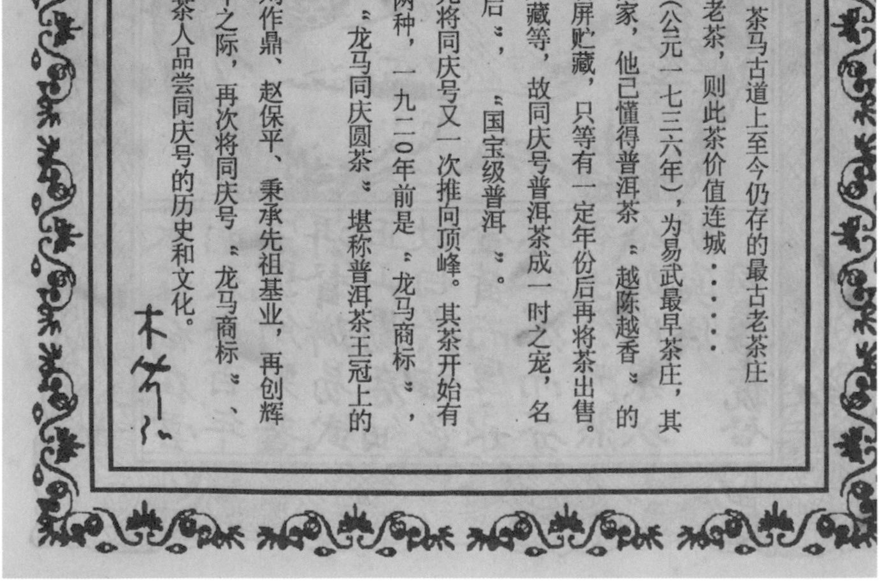

来自一七三六年的同庆号——茶马古道上至今仍存的最古老茶庄

如果现今还有人珍藏着同庆号老茶，则此茶价值连城……

同庆号创始于清代雍正十三年（公元一七三六年），为易武最早茶庄，其始祖刘汉成为种植买卖制作茶叶的商家，他已懂得普洱茶“越陈越香”的奥妙。故将制好的易武茶运回家乡石屏贮藏，只等有一定年份后再将茶出售。同庆号之茶讲求茶菁，工艺制作，贮藏等，故同庆号普洱茶成一时之宠，名声远播，被饮茶人追棒为“普洱皇后”，“国宝级普洱”。

二十世纪初，同庆号茶庄刘奎光将同庆号又一次推向顶峰。其茶开始有“防伪”标签，圆茶有内票和内飞两种，一九二〇年前是“龙马商标”，一九二〇年后是“双狮旗图”。“龙马同庆圆茶”堪称普洱茶王冠上的“名称”。

二十一世纪之初，同庆号之后刘作鼎、赵保平、秉承先祖基业，再创辉煌，在同庆号茶庄建庄二百六十九年之际，再次将同庆号“龙马商标”、“双狮旗图”之茶推向市场，让广大茶人品尝同庆号的历史和文化。

同慶號復業正式內票（背面）

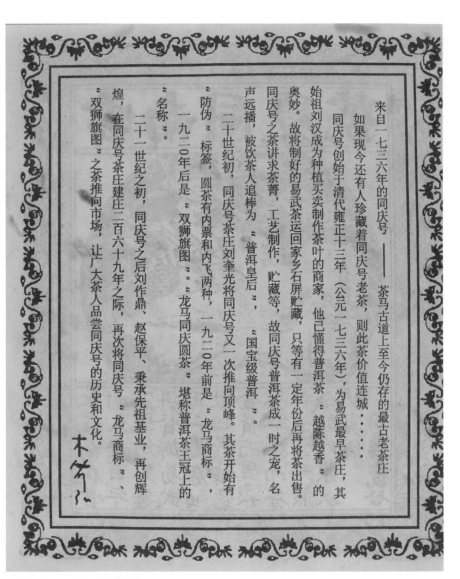

德，天下之至理也。

外框龍紋裝飾，彰顯尊貴、皇家御用，蓋**乾隆年間，同慶號普洱茶即為「年歲納貢」的皇家御用品。**

此茶醇和回甘，香揚水潤，具有傳統論茶口訣中春水秋香的展現；味醇香高，入口即甜，回甘生津快，喉韻潤澤為其概括的感受。

這款茶餅拼配百分之二的景邁古茶樹螃蟹腳，它融合於茶葉的後發酵，使茶湯更醇和，香氣、茶氣更臻一層。

同慶號269年紀念茶餅外包裝、湯色及葉底

第三節　拼配茶的典範

中華人民共和國二〇〇五年後唯一國有茶廠[1]——黎明茶廠廠長扈堅毅先生，於二〇〇四年因應勐海茶廠民營化後之競爭，遂窮其一生浸淫於普洱茶選料、工序之體驗，並擷取典籍文獻之精髓，結合其敏銳之覺受，傾全力製作出典範級八角亭牌普洱茶，而有下列拼配之極品普洱茶面世，誠乃我茶友之福。日後亦必可成就扈廠長在普洱茶史上留下不可磨滅之功。

一、黎明珍品

老班章茶區的班章王、易武茶區的雲南同慶號，以單一茶菁為主。黎明珍品則是參考傳統中藥養生相和相濟的義理，同時兼顧現代植物性生物科技，針對雲南普洱茶常量元素和微量元素的檢測報告，特選老班章、易武、景邁三個產區的古樹茶予以拼配；再依不同年份的散茶發酵程度，調出九種配方，經開湯評比九次，確認出最佳配方，使**黎明珍品這片茶餅得到「飲之氣暢仙靈，韻如飛天漫舞，香於九畹芳蘭氣」**的評價，待時間儲存，必將成為黎明茶廠傳世經典之作。普洱茶的傳燈永續，代代發揚光大，黎明珍品必是其

1　二〇一二年初曾有引入民資之議，迄五月尚未定案。

註：二〇一七年景邁大樹茶收購價每公斤一千元人民幣。

黎明珍品成品開湯

黎明珍品400g茶餅之包裝、去包裝、湯色及葉底（由上至下）

中之一。

附帶一提，古茶樹中每公斤微量元素錳的含量，易武達一〇四五毫克、景邁四五八毫克、班章平均含量亦在七六八毫克以上，成人每天需錳量約為二．五～五毫克，一杯濃茶可達一毫克的水平。茶葉中的錳能清除自由基，抑制脂質過氧化，可預防某些疾病的發生。**飲之長壽，可說是黎明珍品對現代人的最好祝福。**

黎明珍品3000g（上）、1000g（右）、400g（左）三種包裝，採2003、2004、2005三個年份茶菁，存放3-5年之後，再行壓製

二、黎明茶王

黎明茶王採用老班章、布朗山及南糯山三個茶區的古樹茶葉，毛茶遵古傳統記載，先行粗放，自然發酵三至五年不等，再行調配，經九次開湯評比，始予定出拼配比例；經蒸壓成餅完全乾燥後，再次開湯品鑑，飲者不禁讚嘆：「**茶氣運行周天脈脈陶然；唯黎明茶王本色，滋味醇厚，韻香自風流，回味之美，禪悅方酥。**」此茶為二〇〇四年黎明茶廠曠世之作。且依大清帝國時代歷史著名茶廠的做法，先行自然乾倉存放，二〇一一年，才正式上市。此茶存放滿十年，必是普洱茶界的熱門話題。

2004年黎明茶王外包裝及退包裝的表現

註：二〇一七年布朗山大樹毛茶收購價每公斤一千二百元人民幣。

註：二〇一七年南糯山大樹毛茶收購價每公斤八百元人民幣。

三、特製限量典藏精品

黎明普洱圓茶—市場論千年古樹茶製作普洱茶餅的判準

為三公斤大器餅型，限量一千片。採千年古茶樹毛茶為原料，以老班章毛茶為主料，搭配布朗山、南糯山兩個茶區，集勐海茶區精華於一體，未來增值具爆發性的一款茶品，是普洱茶愛好者和收藏家不可或缺的，做為判準古樹茶之茶氣、滋味、耐泡性的準繩；它於千年古樹普洱茶的印證，就如達摩祖師所說：「楞伽印心」一樣。

黎明普洱圓茶3000g餅型

典藏精品—雲南省政府普洱茶禮代表作

二〇〇七年雲南省政府年度國際外交、經貿、文化交流專用普洱茶禮品。適合收藏，時間會給你想像不到的報酬。此茶為一千公克餅型，限量三千片，用料嚴謹，足以代表雲南普洱茶青餅的特殊性，包裝精美、華麗。將來論述普洱茶做為國際交流禮品的歷史，此款茶必是經典之作。由於是官方的精製禮品，商業機密不便公開，留待有心研究普洱茶者慢慢體會。

黎明典藏精品1000g餅型

收藏品質的認知Ⅰ——選購古樹普洱茶的評選依據

「一開始就做對」是管理學界的一句格言，長期以來也是我職場奉行的準則。近十餘年來我收藏普洱茶，也是秉持同樣的精神和態度。著手寫這本書，就是希望茶友「一開始就做對」。

第一節　投資收藏的基本原則

消費者買進普洱茶，由試茶的過程來確保我們所要的品質是必要的。

這裡再做一個簡單的歸納：

1. 原料：茶葉採自生長在海拔一千五百公尺以上之古樹為佳。

2. 加工工序：雲南官方於二〇〇六年頒布《雲南普洱茶地方標準》的法規，對加工工序有詳細規範。傳統工法指：⑴手工摘採嫩葉，且以一芽二葉或三葉部位摘取；⑵陰乾或輕炒乾後，手工揉捻毛茶；⑶日照曬青；⑷挑掉黃葉或茶梗；⑸蒸氣蒸茶，石模壓製；（有些製茶廠還特別强調以白沙井泉水來蒸茶，如二〇〇五年復業的同慶號，即堅持以白沙井泉水加熱後蒸茶，再用石模壓茶。石模手工壓法與機器壓法的不同，在於石模壓法較鬆，整片茶的透氣性和後發酵較機器模壓法來得均匀和效果較佳。）⑹製成茶餅的曬乾和陰乾，使其含水量降低到十三%以下[1]。

這些是專業製茶人的功夫，有太多經驗的累積，包括不同茶區的拼配或不同發酵時間老茶的摻配，都是商業機密，有些老師傅甚至是不肯傳於不相干的人，中國人傳統祕方僅傳子的想法，讓許多傑出配方失傳，殊為可惜。

3. 倉儲：請參閱本書輯二〈收藏品質的認知III——倉儲環境與天氣變化對後發酵的影響〉一章。

1 茶餅的含水量，國家標準是十二%，一般熟茶是十三%，黎明茶廠的要求較高採八～十二%。

手工製茶用的石磨

第二節　優質古樹普洱茶的評選方法

一、整片茶餅拿起來看

1.第一眼是否感覺乾淨潤亮，條索壯碩，排列勻稱。若條索夾雜黃葉，則馬上降一等，若多處黃葉現象則非上選精品。

2.整片聞其香氣。古樹茶氣味濃釅、香氣純正，有一點點化學藥品的味道或黴味就不對，若有倉儲感覺的雜味，則顯然倉儲不夠乾淨，這樣就不好。

3.市場上常聽的形容詞，依品質的視覺審度，正面評價形容詞有：

⑴緊結秀麗潤亮；⑵細緊嫩潤顯毫；⑶細緊顯毫亮澤；⑷壯碩潤亮帶毫。

負面評價常用形容詞有：

⑴細緊欠亮稍乾癟；⑵條索稍鬆顯毫；⑶細緊稍不平、光亮；⑷葉大稍粗鬆。

壓好的茶放在層板陰乾

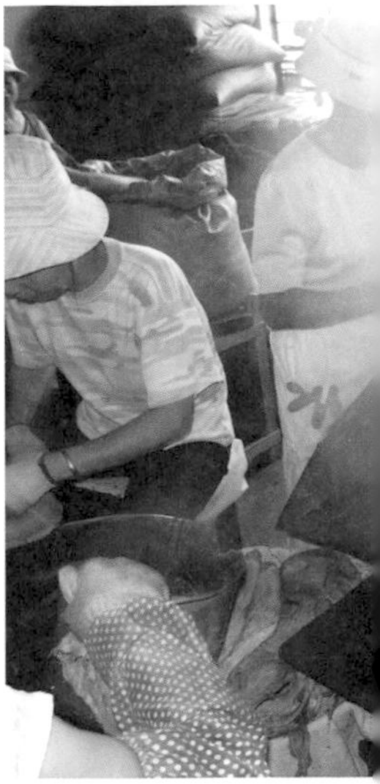

白沙井泉水蒸汽蒸茶

二、檢視葉底

試茶時盡量選擇中間肥厚部位拆解下來泡，壺稍大較好，這樣茶渣量夠多，攤開在白瓷盤上檢視茶葉渣，容易發現其級配，一芽二葉條索佔多少，葉片肥厚度，葉片大小，是整片古樹茶葉組成，或夾配一定比率臺地茶或級別較低的茶菁。因為緊壓茶有些廠商為了降低成本，會用優質茶菁做鋪面，中間肥厚處夾雜臺地茶，或較次級的茶葉，市場流行口訣叫：觀前、顧後、拆中間。更進一步，由葉片呈色的不同，可以發現是否有老茶摻配在裡面當帶動發酵的茶母。若你對茶產區的各葉片特色夠精通，可以參酌湯味，發現其不同茶區拼配的祕方，像我們就在中茶老紅印裡，發現拼配壓碎的螃蟹腳，這項配方使其呈味特殊。

市場上常聽見的視覺審度品質形容詞

正面評價的形容有：

(1)勻整韌順厚寬、燦亮；(2)壯碩柔韌澤亮；(3)勻整細韌澤亮；(4)勻壯柔韌光亮。

負面評價的形容詞有：

(1)葉薄色淺略韌光亮；(2)稍碎薄韌亮；(3)稍細碎韌亮；(4)黃葉偏多。

三、茶湯內質的審鑑

茶氣	茶韻	整體滋味	香氣	耐泡度	綜合得分
30%	25%	20%	15%	10%	

古樹普洱茶耐泡度是基本要求。一般來講，合理茶量，沖泡十五至二十一次，都還有茶的醇厚和香氣。因此，我只給予十%。茶氣是古樹普洱茶最彰顯的特質，也是其他茶所缺的項目，價格上高出臺地茶甚多，也是因為茶氣的關係。

要把上述的評分憑感官定出來，察顏色、聞香氣、喝口韻、感茶氣，這些都要從試茶開始。這裡講的試茶，都以十年以下的茶為論點，老茶另專章討論。雖說味覺偏好是很主觀，但就色、香、味三種感受的陳述表達，在某個範圍內還是有共通的表述方法或名詞、形容詞。

就試茶流程來講，熱、温、冷三種茶湯溫度，加前、中、後三個段落泡出來的茶湯分開比較。俗話說：茶放冷後，原形就顯現。所以試茶時，專心喝、放鬆心情品嘗，讓自己的感知心智，透過眼、鼻、口的感受，充分如實的傳達到你的感知神經和大腦，專心和放鬆是試茶必要的心境。

美國有句俚語：Stop and Smell the roses. 意思是您必須停下腳步，才聞得到玫瑰的花香，發現您周遭世界是這麼美好！明朝聞人張源，在其著作《茶錄》一書中，也主張泡茶以客少為貴，客衆則喧，喧則雅趣乏矣！獨啜曰神，二客曰勝，三、四曰趣。宋朝詩人杜小山有一首詩：「寒夜客來茶當酒，竹爐湯沸火初紅，尋常一樣窗前月，才有梅花便不同。」最後二句，我把它改為「尋常一樣清涼夜，才有普洱便不同。」這些詩句，是要告訴茶友們，試茶品茶，放鬆心情，專心品嘗。三、四好友，清涼月夜，品飲普洱的香醇味，這世界多麼美好！朋友們，想像一下明朝文徵明的境界吧：「寒燈新茗月同煎，淺甌吹雪試新茶。」

就技術層面，試茶的茶湯，濃度要夠，泡茶的技術就無法做修飾。有句話形容普洱新茶，謂：不苦不澀不為茶。正確的試茶應改成：苦能回甘，澀能化開，才是質優的茶。市場為追求短期銷售利潤，又修正為：與其等待苦澀的轉化，不如修正泡茶的方法，重製茶的流程。因此臺灣傳統製茶的烘菁、輕發酵、烘焙的技術，被引進於普洱茶中，這些技術沒有錯，看消費者的態度，馬上要喝的，烘焙技術是有幫助的，要收藏待其慢慢轉化，追求傳統普洱茶二、三十年後的韻味，此方法是行不通的。

接著，前二泡的茶，茶湯要濃，一次倒兩杯或三杯，一杯清口腔的味覺雜味，大口喝著，含在口內，輕輕轉動到茶湯遍佈口腔，可以喝下，也可以吐出來；第二杯就慢慢品飲，感覺其苦味回甘的時間、澀味化開的情形，澀過了，是不是轉潤澤；第三杯放著，待冷了再喝。中段茶，溫熱喝，品其茶韻；後段茶要在沖過十遍之後，看湯色、韻味、耐泡度。我的經驗，頂級古樹茶，可以沖到二十一次，都還有茶香、甜味。最後喝第一段泡出來放涼後的濃茶，接近體溫或氣溫，再拿來喝，若與第一次的感受比，震撼必大，這時所有缺點都會顯現，苦、澀、雜味……等，若苦、澀沒辦法在較長的時間，與第一次喝時比較，有回甘、化開的感受，反而呈現不舒服感，難以下嚥，那麼對這泡茶要先存疑。

簡單歸納：前段茶，試茶質；中段茶試口感、茶韻，精明的人可以判別摘取季節或摻配；後段茶試耐泡，從而判斷是古樹茶或臺地茶，或看出製程上的優劣。

第三節　古樹普洱茶的品賞

古樹普洱茶由茶韻、滋味、香氣和茶氣構成整個品賞的境界。

1. **茶韻：**它具有審美的思維，色、香、味構成整體審視的評價，和諧優美且帶有生命力，是謂茶韻。若硬要用形容詞來表達，概括說：湯色清亮、香氣純雅、滋味醇釅、茶氣暢運，喝完後，身心感覺愉悅舒適。

2. **整體滋味：**茶湯豐厚潤喉，且有濃稠感，這是茶的水浸出物高，內容豐富的關係，喝過後有飽足感。

3. **香氣：**香氣是人主觀經驗的覺察，我聽過的形容詞不下於二十個，有真實、有促銷引導、有暗示催化記憶，不一而足。就茶論香，香氣宜清爽宜人，不能混雜，若是强調單一茶菁的山頭主義者，純正更是必須的要求。就技術性來講：⑴沸水沖泡下去，蓋子未放上前，會感覺茶香四溢；⑵壺蓋拿起來聞，感受香氣變化；⑶茶湯入杯，深呼吸聞杯面散發的香；⑷茶湯用完後杯底的留香。四步驟的香，或有稍許不同，但對的是清、雅、正，透過鼻周邊神經系統，有若芳香療法的效果。讓心靈舒暢，去煩解憂。

4. 茶氣：這是古樹普洱茶獨有的特質，正常情況，一杯一百C.C.濃度適中的熱茶喝下三杯後，身心呈現放鬆狀態。茶湯在身體隨血液運行一周的時間約十五分鐘，這時茶湯的各種物質和微量元素會產生化學變化，大部分人會有身體發汗，手心、腳心、背脊發熱；也有人是眉宇、腦門發熱，讓人身體舒暢。有些反應較激烈的會頭漲暈眩，這時深呼吸，讓氣由丹田出，從口呼出，暈眩就會去除。若茶氣不强，必非古樹普洱茶。

日本青瓷錫蓋小茶罐　作者收藏

讀者回應

若照您講的普洱茶評選方法來選茶，那同業的生意真的就難做了！

普洱茶業者（不便具名）

拜讀《古樹普洱茶記——兼論茶禪生活》大作，受益匪淺。請容敝人尊稱您一聲元春仙。

敝人三年前入門普洱茶，目前仍在茶海載浮載沉，敬祈元春仙不吝指點，不勝感激。

台北　游步慈

日本青瓷錫蓋小茶罐　作者收藏

收藏品質的認知II——雲南古樹普洱茶品質特徵的形成

隨著乾淨倉儲時間的延長，固態發酵過程延續著，老普洱茶獨有的醇香、醇厚的回甘滋味，自在變化，讓人沉醉其中。

第一節　普洱茶品質特徵的科學分析

雲南大葉喬木型茶樹是一個品種群體的通稱（市場稱為古樹普洱茶），它長在得天獨厚的地理環境，高原型亞熱帶生態，及千年累積含量豐富的礦物質和微量元素的土質，使其茶葉中含有的基本成分茶多酚、兒茶素、茶氨基酸、咖啡鹼及各種礦物質及微量元素等重要化合物含量高，有利於優質普洱茶的形成，且以芽葉、芽體肥壯更為突出。

普洱茶表現出的陳香、醇釅、回甘、滑潤等品質特點，根據科學的研究，它是微生物固態發酵過程中微生物分泌的酶，（包括多酚氧化酶、黑曲酶、根酶、乳酸菌、酵母、過氧化氫酶……等）它的酶促作用，讓茶多酚氧化、融和，蛋白質的分解、降解，碳水化合物的分解以及各元素的聚合等一系列複雜的化學反應，使得碳水化合物被分解成水分子可溶性多醣，它是構成普洱茶茶湯滋味和濃稠度的重要物質，形成味覺上的回甘。茶葉中的蛋白質，則形成多種氨基酸，是茶湯顯示「醇味」及新奇變化的主要成分。

更科學的方法，四川省西南農業大學茶葉研究所所長劉勤晉教授，以最先進的儀器——氣相色譜與質譜聯用儀，以及核磁共振波譜儀，對不同品種的普洱茶原料和製成品香氣成分進行定性、定量分析，證實普洱茶的獨特陳香，與雲南喬木大葉種茶豐富的醣類及其次生代謝物有關，它具有樟香及陳香特徵的香氣n-Monanal（N—王醛）、Linaloo I oxidt I、II（氧化芳樟醇）、芳樟醇……等十六種組成，這些是形成茶葉陳醇、甜香及甘醇滋味的元素。實驗還證明，樹齡越長的古樹茶，這一類的物質含量和成分越豐富。它無論是不飽和脂肪酸、氨基酸或多萜類的氧化降解的次代謝產物，都對普洱茶細膩而深厚的香氣韻味產生重要影響。

第二節　品質特徵的製作方法

若就傳統的經驗，根據前輩製茶師傅的講法，壓製茶都搭配老茶，以之為發酵的茶母，就如頂級的麵包是用老麵為母，長時間發酵而來，是不用酵母菌的。文件上可看見的記載是一九六三年北京故宮清理清宮貢茶，獲得兩噸多的存量，其中最長時間有達一百五十年者，而兩顆保存完整的，於八〇年代中期交由農科院茶研所保存，其餘都打碎併入其他普洱茶，為什麼要這樣做？文件上沒有更進一步說明。後來我看見勐海茶廠常務副廠長李文華先生發表於雜誌上的一篇文章，也提出同樣的看法。現在把他的文章摘錄於下：

> 比較曬青毛茶散茶與蒸壓後的成型茶，散茶的陳化比緊壓茶是要快得多。原因是散毛茶與空氣的接觸較充分，茶品的吸附與解析作用較強，酶促及非酶促的氧化較為劇烈。是否散茶的長期存放比

緊壓茶有價值呢？

答案卻也不盡然，多數情況下，緊壓茶收藏的品質特徵要高於散茶。原因有幾點：

散茶的氧化較為劇烈，時間長了，因為劇變，同時伴隨許多成味物質或香氣物質的揮發，滋味、香氣就會過於單薄。另外，散茶狀態，與環境的互動過於充分，保存較困難，容易染上環境的異雜之味。

而緊壓茶，首先在蒸壓乾燥過程中，有一定的發酵作用。同時，製成後的緊壓的狀態，與環境的互動適中，不容易染上環境的異雜之味，而酶促及非酶促的氧化緩慢而持久，陳化過程中的聚味、聚香較好，這些奠定了緊壓茶更利於收藏。陳化後的緊壓茶品質特徵更優異就不足為怪了。

怎麼發揮散茶與緊壓茶陳化的不同優勢呢？最好的辦法就是，曬青毛茶自然醇化幾年後再來精製加工緊壓茶產品，或者產品配方裡使用不同年限醇化的老料。好的酒類產品如此，好的菸草產品如此，好的普洱茶產品也當如此。這兩年我拼配的產品中，使用自然醇化老料的產品，如７７４２以及金色韻象，產品特徵明顯，市場給予了較高的評價。

使用醇化的老料有什麼好處呢？綜合歷史的經驗，使用醇化老料製成的產品，後發酵速度較快，而且容易形成優異的品質特徵。當然，如此製法原料存儲成本較高就是代價了。

老料製成的產品發酵速度較快、品質特徵好，道理是：

新製曬青毛茶，滋味、香氣的純正程度較差，有水悶味、日曬味，顯新茶香，同時伴有強烈的青草味或青味，這樣的毛茶壓製成緊壓茶後，由於緩慢的後發酵過程，純正程度以及青草味的改善所需時間較久，體現為緊壓茶品質特徵變化較慢。前面分析過，散毛茶狀態容易陳化。通過自然存儲的醇化過程，毛茶滋味、香氣的純正程度可以大幅度得到提升，新茶香減弱轉陳，水悶味、日曬味消失，青草味或青味減輕或消失。這時再製成緊壓茶，就為好品質特徵的形成奠定了基礎，產品後發酵的速度較快便很好理解了。

第三節　生茶與熟茶的品質差異

就市場的運行機制來看，依各品牌的不同，事實上，有些配方應屬商業機密，以現在成名的同慶號、中茶未改制前的紅印……等等，都有其獨特的配方，如不同產地茶、不同年份或特殊協助後發酵菌種，如寄生在茶樹上的俗稱螃蟹腳……等。加工形成緊壓茶，採後發酵方法，（若快速後發酵，一般稱為渥堆法，市場習慣稱

大清帝國時代貴族崇尚的八寶天球瓶。「天球」古意為青色的璞玉，珍貴稀有。中原文化自古即有：「天球與河圖，千古所共秘」之說。此八寶天球瓶，大器美感獨一無二，能觸動心靈深處，啟發生命的般若，是乾隆皇帝的宮廷寶物。
成功的收藏家常說的一句格言：「當代就是精品，經時間的焠煉，才能成為稀世古董。」普洱茶也是同樣的道理，唯有精品，其價值才能與時俱揚。　作者收藏

為熟茶）緩慢發酵，市場通稱生茶，就是臺灣茶友喜歡的自然乾淨倉儲存放，慢慢發酵轉變其氣味。通常由新茶到市場流通，消費者容易接受的口味、香氣，都在十年以上的，所以存放的時間相當漫長。依經驗，其後每五年會有一次香氣、味道的大轉變，通常以十五年呈現野樟香、二十年出現粗醇，接著中醇、細醇，時間不等。好喝又價格普遍可接受的茶，通常在十～十五年，超過十五年以後，由於稀有性和特殊的滋味變化，價格通常一路走高。

現在市場開始在質疑，二〇〇六、二〇〇七這兩年間由於普洱茶市場大興盛，有些茶廠壓製的緊壓茶並沒有摻配老料；或是新茶廠，根本就沒有老料可摻配，將來會怎樣轉化或轉化的成果如何？都待十年以後，才能揭開真相。這也是二〇〇六～二〇〇七這二年，市場被熱炒後追求近利的做法，在二〇〇七年底市場崩盤後，有些茶品讓投資者嚴重套牢。

越陳越香，年代越久，價格越高是普洱茶最具魅力的特色，也是有人願意收藏它的主要原因。證諸歷史經驗，中國官方於二〇〇六年頒布《雲南普洱茶地方標準》，換句話說，按此標準生產的普洱茶，藏之得法，越陳越香是可以期待的。

但證諸市場的歷史記錄和現代科學的研究，古樹普洱茶為原料和用臺地栽培灌木茶樹為原料製作的普洱緊壓茶，隨著時間的遞延，古樹普洱茶的滋味變化豐富，價格越來越高，臺地普洱茶則到一定程度就到頂，滋味和價格都再也上不去，所以本書所陳述的，都是著眼於古樹普洱茶為原料，依傳統的精製工序加工的普洱緊壓生茶的論點，個人對渥堆法的熟茶較沒興趣。

「一開始就做對」是管理學界的一句格言。藝術收藏投資同樣有一句俗話：「廢銅存放千年，還是廢銅。」這樣的觀念，同樣適用於**普洱茶的收藏**。這裡先歸納出一些**基本的守則**：

(1)選古樹普洱茶。

(2)依傳統工序精製加工。

(3)藏倉得宜。

時間自然會給您最好的報酬。

普洱茶的保存，屬於茶商的倉儲部分前已介紹過，**這裡專就消費者個人來談，放在家裡的茶倉：**

1.存放位置：陰涼通風處；避免直接日照，避免廚房、密閉櫥櫃或室內其他異雜味處，一般以客廳或書房為選擇。

2.溫度、濕度：溫度室內常溫即可，濕度要控制在65%以下，人適宜的濕度，就是茶適宜的濕度。若更講究些，有些人會於茶倉底部置放竹炭，一則調節濕度，一則竹炭的遠紅外線的能量，有助於後發酵茶菌類的强壯繁盛，不過這是竹炭的功能，沒有科學的實驗根據。

3.茶倉的選擇：首重材料的透氣性。財務能力好的，可選擇名家的手拉胚茶倉，放在客廳，可以當成觀賞擺件，使客廳具藝術文化氣息，將來創作者成名，說不定還大賺一筆。一句收藏名言：一開始就做對，假以時日，財富會如影隨形，緊緊跟著您。其次，材質的選擇，以陶土高温燒製為首選，高温指一千一百度至一千三百度。然後是瓷土製品，各種形式，看個人的喜好和經濟能力而定。若你喜歡質樸的古甕，請特別注意清洗乾淨，放置大太陽下曝曬數日，直到沒有聞到任何異味。古甕可能放酒、醋或是醃漬品等，要特別注意，避免原有味道被茶吸收，改變了茶原有的風味。最簡單的是，用乾淨的牛皮紙袋、紙盒或紙箱盛裝，達到防塵、防潮即可。

4.普洱茶剝開，若能剝成薄片狀或是條索狀最好，避免剝成小塊狀，影響茶葉的舒展，讓茶湯的本質展現不穩定。普洱茶剝開放入茶倉，一般稱之為醒茶，時間約一至二週，風味就比未醒茶的茶餅好很多。

5.普洱茶不論是茶餅、茶磚、沱茶，塊狀時是活的，它自成一個生態圈，故有百年普洱茶，要喝時再剝一片來先醒茶，其餘還是維持原狀保存較好。三十年以上的知名品牌老普洱，有時價格一上來，價差很大，剝開的茶，想賣時價格不好訂，原包裝保存，增值性就存在。

作者收藏之各式茶倉

青花大蓋罐
適合收藏散茶，擺飾上亦賞心悅目

粉彩牡丹龍鳳罐

豬扭蓋陶罐茶倉　許旭倫 作

紫砂小茶倉

收藏品質的認知III——倉儲環境與天氣變化對後發酵的影響

綜觀臺灣的氣候條件，是普洱茶相當好的存放環境，梅雨季的濕、夏天的酷熱、秋天的乾熱清爽、冬天寒流的冷，讓普洱茶隨季節變化而有不同轉化。

陳年普洱茶之所以迷人就在越陳越香。試想一件茶品，一放二、三十年，時間是相當漫長的。倉儲可以分三個階段或層次來講：茶廠存放初製毛茶，讓它以散茶形態發酵三~五年，甚至更有放上十年者；（同慶號則在易武製成餅茶後運往石屏總部存放，時間不可考。）現代茶廠大多將成品交由經銷商去處理，故倉儲的責任大都在大盤商；個人存放，則以自己品嚐兼收藏為本。不論大盤商的大倉儲或個人的小倉儲，藏之得法是基本原則，尊重自然環境

底層架空的茶倉內部，疊茶採井字型排列以利通風

和時間給予的獎賞，最忌妄加人工施作，揠苗助長將適得其反。可以說，任何地方都適合收藏，只是會有不同的風味特徵而已，就像不同地理條件生活著不同習俗和飲食條件的人群而已。這是普洱茶富於變化的活力，亦是其持久魅力之所在。

就基本環境言，潔淨、正常濕度在七十%以下、沒有雜味的污染、光線無法照射到的地方即可，溫度則隨季節變化，不必予以理會。

根據經驗性的說法，溫濕度高的地方，如中國廣東的珠江三角洲臨海地帶、香港、長江三角洲地帶等地方藏放普洱茶，苦澀味較容易退去，滋味的轉化較快，但香氣的純正性較差，感覺帶有點水悶味，且多種香氣混雜。較乾燥的華東、華北，苦澀味不容易退去，滋味的轉化慢，但乾燥對聚香有獨特的作用，故香氣較純且高揚。

臺灣的氣候條件，冷的時候約在攝氏十度～十五度之間，熱的時期在攝氏三十度～三十五度之間；濕度在三十五%～八十五%，常態則在六十%～七十%之間。春夏間的梅雨季節，濕度高，平均都在七十%～七十五%之間，溫度亦在攝氏三十度左右，具有讓普洱茶各種真菌和菌絲體進行有機發酵的良好環境；秋冬的乾燥、乾冷，則可帶走春夏發酵過程的雜味，產生聚香的效果。業界有一句口訣：「春水解、夏陳化、秋聚合、冬休眠」；或說：「秋風起，普洱聚香時。」普洱茶在漫長的倉儲歲月裡，順其自然，反覆地進行著水解、氧化、酶促作用，以及生物益菌的各種有機酶化機轉，許多是現代生物醫學尚未碰觸到的領域。

古樹茶，由於樹的根部深達土壤結構的不同層次，其吸收的微量元素豐富，這些在醫學上被稱為礦物質的東西，如人體的常量元素（指每日需要量在一百毫克以上者）硫、磷、鉀、鈣、鎂，及微量元素（指每日需要量在一百毫克以下，或低至一毫克者）如鐵、鋅、硒、錳、銅、碘、鉬、鈷、鉻、氟、矽、矾、鎳、錫等。體內礦物質現在醫學確認有二十一種為人體營養所必須，人體每日會透過代謝系統排出一定量礦物質於體外，因此必須不斷給予補充。當然各種食物中都有一些常見礦物質，但對微量元素而言，必須透過根部深的植物的果實、葉片來吸收，如醫學上著名的銀杏。（德國銀杏的醫藥級製劑，用於防治末端神經血液循環、預防老人癡呆和末梢神經、血管方面的疾病。）根據雲南省農科院茶葉研究所的一些報告，南糯山古樹茶鐵含量高達七十．二毫克／公斤，銅含量則以景邁老樹茶十五．七毫克／公斤為最高，易武老樹茶錳含量達一〇四五毫克／公斤。根據研究茶葉中富含錳，平均含量在三百毫克／公斤以上，比一般經常食用的植物高約六十倍，成人每天約須錳二・五～五・〇毫克，一杯濃茶錳含量可達一毫克，每天五～六杯濃茶，可滿足大約錳的需求量。茶葉中的錳，能清除自由基，抑制脂質過氧化，有助於長壽。經常飲茶，可以預防某些疾病和達到長壽的目的。這些微量元素的多樣性，是引發人體氣機的重要因素，故經驗老到的品茶人都會感覺古樹茶的製品，茶氣特強，會引發人體氣機的運行，達到促進氣血循環，使人健康有活力。至於茶氣怎樣去感覺，怎樣去養成容易感受茶氣作用的體質，請參考本書輯一〈品賞古樹普洱茶的茶氣、茶韻、茶香、滋味〉專章。

由於古樹茶豐富的微量元素，加上其呈味物質，（讀者若欲細究這些植物化學的成分，可參閱《普洱茶保健功效科學揭秘》一書，〈普洱茶芳香物質的形成與品質關係〉專章。）在經年累月的酶促有機作用裡，新茶中的苦、澀……等物質，如花青素、茶黃素、兒茶素……經酶化作用產生多醣類、水溶性果膠醣類及各種呈香物質轉化為俗稱的樟香、棗香、陳香、甜香……不一而足，品質昇華，氣正韻陳，滋味甜美，令人難忘。

以科學來論證，雲南大學生命科學院教授高照，曾以一九六〇年代勐海茶廠出品的生茶餅做微生物培養實驗，經過科學方法消毒以後，這些茶葉能夠在培養基上長出毛黴、根黴、青黴和黑曲黴。在接種第三～六天，毛黴、根黴的菌絲體像棉花團般佈滿整個培養瓶，說明初期這些真菌佔優勢；三週後，黑曲菌佔優勢；一個月後，培養瓶的培養基表面主要是黑曲黴的聚落。這證明四十年的老普洱，還是茶，它還在進行後發酵過程。

茶裡的多酚物質，在氧化作用達成分解和重組的過程，以黑曲菌等真菌的繁殖過程產生真菌酶作用及氧化作用，茶黃素轉為茶紅素、茶褐素，茶多酚和茶鹼也逐漸分解。而毛黴的醣化作用，使茶湯由青黃向寶石紅轉化，可溶性果膠質增加，使茶湯口感醇厚、甘甜，味覺變得滋潤。至於香的生物化學機理比較複雜，有蛋白質的熟化、醣類的焦化反應，芳香萜的生成，醣類轉化為醇，醇類轉化為酯、芳香酯等。普洱茶漫長的儲藏環境中，真菌促進茶葉所含的一些物質，產生醣化酶、醇化酶和酯化酶，在不同茶的本質、生化條件下，形成特異的芳香酯，使普洱茶越陳越香。

總之，一開始要買對茶，自然天候條件，藏之得法，時間是給您最佳的獎賞，個人經驗，如前述古樹茶做的普洱緊壓茶，在收藏上，較具意義。

人無可語須緘口　坐必知音始愛才
鍾馗接福圖　吳東昇作
收藏義亨莊的古樹普洱茶，自喝、養生，有量的收藏，神仙都會祝福。

禪

輯三
茶禪生活

茶禪生活，一種愉悅的生活品質，自在的生命願景。行、住、坐、臥，依於佛法的意義，但它不受宗教儀軌的束縛。

任何人，只要他願意，心意識在正見、善護念和安住的心引導下，都能妥善的使用金錢，過一種中道的生活，那麼，愉悅的生活品質，自在的生命願景，當下即可獲得。

茶禪生活的質素

道場者何所是？[註] 光嚴童子菩薩請益維摩詰居士時提問。維摩詰經提出三十種心智、心行，落實在生活實踐中，生活即是道場。我把它簡約成：茶禪生活。

茶禪生活是一種愉悅的生活品質、自在的生命願景，其質素在心意識、金錢、中道生活三者的自主、平衡。

濟公　紫砂泥塑　徐秀棠作　作者收藏

註：維摩詰經講道場者何所是

一、直心是道場，無虛假故

二、發行是道場，能辦事故

（意指發心修一切善行）

三、深心是道場，增益功德故

四、菩提心是道場，無錯謬故

五、佈施是道場，不望報故

六、持戒是道場，得願具故

七、忍辱是道場，於諸眾生心無礙故

八、精進是道場，不懈怠故

九、禪定是道場，心調柔故

十、智慧是道場，現見諸法故

十一、慈是道場，等眾生故；悲是道場，忍疲苦故

十二、喜是道場，悅樂法故；捨是道場，憎愛斷故

十三、神通是道場，成就六通故

十四、解脫是道場，能背捨故

十五、方便是道場，教化眾生故

十六、四攝是道場，攝眾生故；布施、愛語、利行、同事為四攝法

十七、多聞是道場，如聞行故

（一）心意識：正見、善護念、安住的心。
（二）金錢：人世間運轉的核心動能，必須適當的掌握。
（三）中道生活：婚姻、家庭、同事和社會人際關係互動的準則。

第一節 心意識

人的心意識是轉動人世間和出世間一切的根本；轉動的方向是否正確，動力是否充足，由正見開啓。正見出自於佛法中的八正道，即：正見、正思惟、正語、正業、正命、正精進、正念、正定。八正道是我們生活上最高的奉行原則，而領頭的核心在正見，所以這裡要把正見做較完整的詮釋。

一般的情況，人們很容易把看法、觀念、見地、思想和智慧，籠統看待。仔細思索五者之間，有層次深淺的差別。

看法：應該是一種清楚的覺知，不能是生活經驗或感懷。

十八、伏心是道場，正觀諸法故
十九、三十七品是道場，捨有為法故
二十、四諦是道場，不誑世間故
二十一、緣起是道場，無明乃至老死，皆無盡故
二十二、諸煩惱是道場，知如實故
二十三、眾生是道場，知無我故
二十四、一切法是道場，知諸法空故
二十五、降魔是道場，不傾動故
二十六、三界是道場，無所趣故
二十七、獅子吼是道場，無所畏故
二十八、力無畏不共法是道場，無諸過故；佛有十力，四無畏，十八不共法，都是道場
二十九、三明是道場，無餘礙故
三十、一念知一切法是道場，成就一切智故

觀念：比較深層的看法會形成觀念，如人生無常。

見地：觀念形成之後，再經內心深入探究，驗證事實，就是見地。

思想：見地經過系統化的詮釋，形成思想體系，再予以傳播，形成一種思想，它是偏哲學性的，進到人世間領域，就形成各種主張、主義。

智慧：梵文稱為「般若」，意指智慧。用人世間的講法：有一顆清明的心，不隨境轉，就是智慧知見，簡稱正見。一個擁有智慧知見心的人，是「真正生活」的人。

正見是讓我們看破紅塵，清楚紅塵世事的虛妄，但對紅塵世事卻能誠實的面對，而不是逃避。《心經》所謂，照見五蘊皆空，就是看破的意思；是照見五蘊皆空，不是逃避五蘊。所以看破是一種正向的思惟，面對煩惱，不會去逃避，能處理的馬上拿掉，不能馬上解決的先放著，等待因緣把它處理掉，完全不會去逃避；也不會蒙上自己的眼睛，裝作不存在。

為什麼正見這麼重要？因為一切人間世或出世間的心性修鍊的核心議題，一開始就是正見的問題，方向錯誤的話，無可挽回。為人處世有二個要點：一是做正確的事情；二是用正確的方法來完成

如是，善男子，菩薩若應諸波羅密，教化眾生，諸有所作，舉足下足，當知皆從道場來，住於佛法矣。

讀者若要深入，應再詳研老古文化出版的：《花雨滿天，維摩說法》南懷瑾先生講述。

事情。做正確的事情是要有正見的，然後再以正確的方法做事，來圓滿這事情。

善護念是清楚的觀照自己的起心動念，讓自己做主，決定自己的幸福。長期訓練可以讓我們的心隨時清澈，易於產生智慧。在日常生活中，這樣的訓練運用在現實人生裡面，對於人的觀察，對自己心念的觀察，對所有情境的觀察，對自己一切言行舉止的觀察，都會越來越清楚，這樣會幫助我們得到許多人生的善因緣。

而安住的心，即修行人所謂的禪定。禪又稱靜慮。靜是止妄，慮是觀。正思惟、正觀，我是比較喜歡用「安住的心」來表達心意識的狀態。安住的心，能產生力量，這能量會護持我們的心識，產生

尊珠　徐秀棠作　坐八怪之一　丁文章收藏

智慧，智慧能解一切煩惱。我們日常生活常會碰到逆境或不順遂之事，比如有人對你口出惡言，羞辱於你，重傷你的自尊心，你一生氣，就失去安住的心，這時瞋怒心起，惡毒的話重新回復記憶，傾巢而出，待事後發現後患無窮，已後悔莫及；若碰上惡緣，可能輕者傷心，重者住院喪命。社會新聞，無日無之。「有沒有每天讓心安住下來」就是習禪或說坐禪。六祖慧能說：「何名坐禪？此法門中，無障無礙，外於一切善惡境界，心念不起，名為坐。內見自性不動，名為禪。」意指坐禪須從心地做起，不是兀然枯坐。若是心中妄念、煩惱不停，企圖用坐禪來鎮住，是揚湯止沸的辦法。坐禪不是除妄、去煩的萬靈丹。隨時隨地，觀察自己的心有沒有安住下來，走路、坐車、工作，都可以觀察我們的心，是否專注的安住下來；其次，讓自己的心，學習像鏡子一樣，外境來清楚照見，但不為境所動，讓心正確的面對外境，從世間的境界開始，學習正確面對，久而久之，在行、住、坐、臥間自然的面對情境，任何的情境都可以讓心自自然然的安住。

第二節　金錢——人世間運轉的核心

古今中外討論與錢有關的書，把它堆疊起來，可能一棟台北101大樓都放不下。認真探究，也有下列二重點：

1. 金錢不是萬能，沒錢萬萬不能。

2. 金錢是維護人身自由最有力的寶貝，同時也是最為邪惡的壓迫人性的工具。

人類對金錢流露出既愛又恨的心理，唯一不變的是金錢已是愈來愈神祕，任誰都無法理解，在人心、誠信、名利互為因果驅策下，不確定風險越來越高，人們不管財富多寡，遑遑不可終日，是現在金錢在人們心中的具體壓力。

依佛法的說法：今生的財富，來自你的累世福報。新光集團創辦人吳火獅先生說，他每次賺大錢都是機運，有些機運是被政府逼來的。茶友有興趣，可參閱允晨文化出版的《半世紀的奮鬥》一書。俗話說：「大富由天，小富由儉。」佛法《雜阿含經》、《心地觀經》都提到：「智者居家，應該要恭儉節用，財富分為四份：一份作為日常家用，一份儲備起來，一份幫助親戚朋友，一份布施培德。」如果懶惰怠懈、賭博嬉戲、喝酒放逸、飲食無度、邪淫浪蕩，再多的錢財都會耗用殆盡！《老子》也說：「慈、儉，不敢為天下先。」這是市井平民應對金錢壓力的有效方法。

至於有錢有勢的人，或圍繞在旁幫襯的人，不管它的稱謂是什麼，當你可以支配一筆較大的金錢時，想想：這筆錢是否為壓迫人性的邪惡工具？再想想：金錢不是萬能，則事後的因果可能完全不一樣；對準備接受一筆非本分所得的人更應慎思：金錢是最邪惡的壓迫人性的工具。收賄、受賄而被法律制裁的新聞，日日在驗證著：金錢是壓迫人性最邪惡的工具。除法律制裁外，還有因果律的後果。

第三節　如何建構自己的「源頭活水」財富系統

最近出版圈有許多理財、投資或財富運用相關的書，我把它歸納為「金錢系統的哲學」。就是在這個全球化的資訊時代，金錢變為一種「通貨」、「貨幣」，每個人有必要運用智慧、知識去建構一套屬於自己的金錢注入的活水源頭，否則，您將因系統性因素，被壓擠到M型化社會的貧窮一端。行政院主計處發布的公告，二〇一〇年的薪資平均水準，比二〇〇〇年還少三百四十五元[註1]，但中華民國的GDP是增加的，外匯存底是增加的。大家熟知的三個詞彙，WTO、外匯、M型社會，前兩者構成資本主義全球化，結

註1　行政院主計總處民國一〇一年二月二十三日的公告，受雇員工六百八十四萬五千人，經常性薪資總平均為三萬六千八百零三元。民國一〇〇年七月公告的資料，月薪二萬元以下者，高達一百萬人以上，低於三萬元以下者，更高達三百五十九萬七千人。

註　主計總處民國一〇六年八月公告，工業及服務業每人每月經常性薪資四萬零五十八元，較一〇一年成長三千二百五十五元。

果就是M型社會，這個M還不斷的在變形。最近財經叢書頗為暢銷的富爸爸系列叢書，全球暢銷兩千八百萬冊以上，可見其全球性影響。它提出的四種現金流象限的見解，我把它稱之為四種金錢來源或財富掌握度的類型：

E（Employee）代表雇員（上班族）——依附系統保障或被系統拋棄。

S（Specialist）代表自由工作者、專家、中小企業老闆——依附市場競爭獲利。

B（Boss）代表大型企業的老闆（在台灣指上市櫃公司老闆、董事、監察人等）——大型系統擁有者及操作者，雇主或統治階級。

I（Investor）代表投資者——專業自給自足、自由投資人。

我的好友昌言先生，現處於I象限的自由投資人，對此有這樣的評論：

E/S象限是九十九%人口宿命，本質由B象限預謀而設定。

進入E/S象限而被環境迷惑住，頂多當大武士或先烈！僅僅極少數人因緣創業（造反）成為B象限……美國傳奇？事實上B象限是封閉世襲自體受精團體，駱駝穿個針孔。I象限是資本主義體制唯一「蟲洞」，上帝恩賜的救贖？

「全球化」正是B象限的「系統陰謀」，E象限最慘。S象限競爭加劇也慘……沒有「景氣復甦」這回事。E/S象限特徵為「墜落難返」，於是「M型社會」誕生！

世變日亟、人間慘烈，或有僥倖一生，難以二代三代？B象限因為「有錢人的大陰謀」，已經金剛不壞了……「革命」無濟於事，唯有改變腦袋才能「自求解放」！

華人喜歡羨富、仇富、炫富，卻不正視「財富」為何物？洋人更隱諱談到錢！無論資本主義或社會主義，都是「結構性愚民系統」，穩定優先，中國古代稱之為「牧民」，當野狼還是牧羊犬好呢？畢竟皆「非」！

回顧一九八〇～一九九一年，薪工加儲蓄，正常過活不難，彷彿小康——因為沒有全球化與低零利率？新世紀是完全資訊時代，工作觀、理財觀、未來觀若沒有更新調整，愛拼九十九%也難贏。

我們的教育系統從來祇教專技與階層倫理，絕不培訓「金錢的

主人——統治者」，一九八〇年代企業管理學當道，MBA炙手可熱，結果呢？「國王」役使巫士屠殺奴隸！（奉效率之名）

現在三十~五十歲拼搏於職場的主流上班族，想必是充滿痛苦失落的世代……原因在於教育與制式思維完全是舊世紀的骨董，無法回收，必須洗腦！

「全球化」摧毀了系統所屬的「分子穩定度」，惟剩「系統」得以長存。

「M型社會」就是變遷的苦果，趨勢難逆，復甦無望，「革命」根本不可能？

所以，祇能改變「腦袋」，由思想熱情到具體行動，自我進行救贖。

金錢系統的哲學，以「富爸爸」為名的系統論述，在台灣出版的有十本，建議茶友們優先閱讀：《富爸爸之有錢人的大陰謀》、《富爸爸有錢有理》，另加一本智言館出版，張景富著作的：《不斷電印鈔機》，若還有興趣，再閱讀富爸爸另外八本書。

一、基金投資的建議

如何建構自己的「源頭活水」財富系統，前述書籍有很好的建

建構自己的源頭活水財富系統，就能優遊任運，怡然自得

言。其次，基金是現在上班族常用的投資工具，**基金投資的邏輯思考與執行方法**，是我跟女兒討論基金投資時給予的建議，這裡提出供茶友們參考，或有助於投資基金的績效。

（一）先看大環境

(1)以各國股市的指數，來判別現在景氣的位置，基本上用五年期的圖形來看，現在的位置相對於過去或未來，是高基期或低基期，或半山腰。

(2)以不同產業的五年期指數，來判讀此產業相對於大環境，是處於初創期、成長期，或景氣循環的相對週期高低。

經過這樣的思考與研判，再作基金類型的選擇。

（二）買進時點與賣出時點的掌握

(1)最基本的策略，還是市場的老話，崩盤後，市場冷清時買進；熱潮澎湃，市場一片買進聲時，分階段賣出。

(2)選擇一個未來三年處於成長階段的產業，或處於一段衰退期後，開始要穩定成長的國家。買進後，以三年時間來關注投資的成效。

(3)關注的方法：若是產業類型基金，則於買進時同時建立世界主要國家此類型產業的五年期圖型，至少每月要更新一次週線圖，比較您的基金的淨值成長性是等同於或優於同類型產業指數。若三個月後，您的基金淨值成長性低於同類型產業指數增幅十%以上，那麼您的基金經理人選股可能出現問題，此時，可考慮換成同產業的其他基金；若同步成長，則繼續持有，等到世界主要國家此類型產業的指數都同步回檔時，就可分批賣出。若循環週期還未結束，則賣出後要繼續關注買回時機。通常一個產業的成長，從低點到高點，都會在三年左右，當然中間會有一些變化，隨經濟環境做調整。

（三）買進或賣出的執行

1. 買進的選擇

當您決定買進一檔基金時，要求基金公司提供持股前十名個股的五年期週K線圖是必要的。若前十名的個股，週K線的個股價位經過一段時間的盤整，剛站上三十週均線，此時買進此檔基金應會有利潤。其次，買進的方式應分三批買進：第一筆買進後，經過二～四週觀察，若淨值成長三～五%以上，則加碼買進第二筆；二～四週後，再成長三～五%，則買進第三筆。此後，則靜待贖回時點。

2. 賣出的抉擇

對應前述的產業類別或國家別指數，判別贖回時機。當大環境的指數告訴您應贖回時，思考的抉擇就要站在賣方。

其次，觀察基金持股前十名的個股，其週K線的型態是高點或盤頭型；若盤頭型出現，應開始贖回二分之一，其餘二分之一待頭部出現時，則全數贖回。

3. 持有基金期間的關注

要求基金公司依其公告持股時間，同步提供持股前十名個股的週K線圖供參考，同時建立自己的檔案。

若有時間，則每月檢視自己的基金持股前十名個股的K線變化，並比較基金淨值成長性與類別產業指數成長性之差異。

最後再提醒茶友、讀者們，光是「渴財」無法實踐什麼？金錢的活存、聚散方式，是個持續「演化的祕密」，必須與心意識的正見、善護念、安住的心為根本，配合中道生活，才有源頭活水，或說累世福報於今顯現。

二、如何成為專業經理人

在前面提到的E．S．B．I四種象限裡，有一個階層，夾於E與B之間，現在管理學上稱為**「專業經理人」**，他跟資本家（或稱企業家）一樣，是財富累積的主要職務，貢獻不輸資本家，當您在E象限，怎樣努力晉身為專業經理人，這裡提供一些具體的自我成長方法與實踐，您才有機會參與B象限的財富累積活動，假以時日，加上自己有心，就可以成為I象限的自由自主投資人，特別有意義，值得深入探討。

（一）專業經理人的形成環境

1. 時代背景

(1)自由化、國際化、亞太企業營運在全球經濟活動比重提高。
(2)民營企業在國際市場的活力。
(3)資本密集與技術密集的產業依賴專業經理人。
(4)服務業的興起。
(5)行銷通路的變革——國際運籌，市場面向的垂直與橫向整合。

2. 企業內部變革

(1)第一代創業主之老化和退休。
(2)第二代之個人主義和志趣，或有無意願於企業經營。
(3)第二代之賢能與否；第三代變化更大，家族內人才之不足與不平衡，引爆內部衝突與退出。

3. 法制化與合理化

(1)WTO、FTA、公交法、智財法、消保法。
(2)勞基法、健保法、社會安全相關法律。
(3)政黨政治與輪替執政。

山不在高有仙則名
水盂 邱鐙鋒作　作者收藏
專業經理人在職場的光芒和表現，亦如是。

4. 外部創業機會之減少與內部創業機會之形成主幹與分枝、成樹與成林

（二）專業經理人的修鍊——人品與專業能力

1. 人品部分

⑴精神層面的修持

佛法中對菩薩的命名、取義，都很有意思。若把經營企業，當做入世的弘法，事實上，經營好一家企業，也可以造福眾生，是除貪造富的入世事業。

以下幾位我們熟悉的菩薩的願力，是專業經理人最好的精神面修持。

①彌勒——慈：笑口常開，帶給眾生歡樂。

②觀音——悲：聞聲救苦，拔除眾生痛苦。

③地藏——願：我不入地獄，誰入地獄；地獄不空，誓不成佛；身先同仁，擔當苦難。

④文殊——智：大智慧，前瞻力，防範於未然。

⑤普賢——行：行實踐力。

⑵人格特質的完成

藉用陳定國教授提倡的中國經營者的智慧和德行來說明：

①做人哲學——謙虛的老子哲學

慈、儉，不敢為天下先。

②做事哲學——紮實的中國哲學

內用黃老，外示儒術，落實於韓非。

③儒家文化的理想——養其生而遂其性

人性的本質，歸納而言，即：

· 大公無私的精神——義利之辨，克己去私，復歸天理。
· 獨立自主的精神——自作主宰，中立而不倚。
· 寬容的精神——嚴以律己，寬以待人。
· 忠恕精神——己欲立而立人，己欲達而達人，己所不欲，勿施於人。
· 客觀精神——毋意、毋必、毋固、毋我。
· 實事求是精神——知之為知之，不知為不知。
· 大丈夫精神——富貴不能淫，貧賤不能移，威武不能屈。
· 犧牲的精神——殺身成仁，捨生取義。
· 大無畏的精神——自反而縮，雖千萬人吾往矣！
· 救贖精神——人饑己饑，人溺己溺。

⑶實務工作中的一些作為

①身為領導人，要說到做到，不斷學習、成長和隨時準備應付變化，鼓勵並支持其他人也這麼做。

②設法使公司採納所制訂的目標和戰略，執行過程不僅只是授權，更要全程參與。

③勇於任用在智力上或專門技能上優於您的人，並先考核後拔擢。劉邦、蕭何、韓信、張良的故事，四人專長各異，互相運用對方長才，終成帝國大業。

④勤奮工作並不夠，還必須全力以赴。不能關心太多業外事務，如慈善、社工……必須全力投入本職工作。

⑤幸福的家庭，才能保持身心健康、精力充沛，否則將不堪事業之重擔。

2. 專業能力部分

(1) 專業知識

在行業裡的專門知識，雖不必如產品製造經理的專精，但至少要對製程有通盤的了解。

(2) 博觀的通識——市場的脈動

①前瞻力。

②社會變遷的關連性。

③國際市場變化的關連影響——國際化、WTO、FTA。

二十一世紀的經理人，必須比以往更國際化，經理人最好能在四十歲以前，精通二~三個國家的語言。

留學→工作→再學習

語文、文化、經營體系

(3)決策能力

有看過《獵殺紅色十月》的電影嗎？處在一個未知的環境，有權利做決策的官員，對於根本無法確認航向何處的蘇聯潛水艇，無法判斷其究竟意圖攻擊還是準備投誠？

何謂決策？

①擬定決策，是為了創造某些事務和塑造未來。

辨清決策本身和決策過程的異同，非常重要；進一步說明，影響決策過程的是做選擇之前發生的各種事件，而決策則是「一刀切下」，也就是下定決心做某個選擇或選定某個行動方案。

②什麼樣的決策？

策略性——側重於組織的政策和方向

作業性——側重於日常的管理事務

③未來的可預測性。

決策的擬定：

①決策者必須先釐清目標，找出解決問題的所有可能方法；接著，比較每一種可能方法的優缺點；最後，選出一個最符合目標的方法，讓利得達到最高點。

②決策過程中，最後、也是最重要的因素是「政治」↓決策最後的仲裁者。因此，要擬出有效的決策，必須評估組織中政治的特質、政治戰術和行為。

在整個決策的過程中，經濟學、管理學和市場狀況，也許能夠使我們掌握更多的資訊，但是最後決定組織中，誰得到什麼？何時得到？如何得到的關鍵要素，則是政治。

③決策過程中政治權術之運用。

A.決策者有必要了解組織中權力的特質

權力—要人服從的能力—┬正式
　　　　　　　　　　　└非正式

正式權力↓與組織的職權結構有關

非正式權力↓和個人或群體，透過個性、資訊的取得，專長、領袖魅力、獎懲他人的能力而發揮的影響力有關。

B.決策過程中，政治權術的運用

權力只是達成目的的手段而已，權力必須善加運用，以達成目的。

為影響決策，以滿足個人或團體利益，可用的方法，主要有三種，也就是控制著：

a.決策的大前提

b.所考慮的各種備選方案

c.有關備選方案的資訊

C.政治的結果

決策訂出後，總有某一群人的利益獲得勝利，其他人的利益則告失利，這時防止失利一方破壞執行成效，是最重要的。其破壞的方法約為：

a.陽奉陰違→忽略提示

b.蓄意破壞→慎防「運用正常管道是種很微妙的蓄意破壞方式」

(a)故意製造問題者

(b)消極被動者

(c)暗地排斥者

c.斷章取義→選擇性解釋

決策的困境意指：

·在某個行動方案中，已有成本的產生

·有機會脫身或堅持下去

·脫身和堅持不輟的後果都不明朗

①主要成因包括：

·投資不當

·心理作祟——好勝的心理因素，會使人喪失理性而堅持不輟，讓理智做最後的決定

·組織不健全，包括：

行政管理的惰性

政治力量的干預

無謂的榮耀——組織榮耀的力量

②困境解決之道：

·公開承認所冒的風險

·找出備選方案

·找出放棄點

·輪調——把投入過度或坐困愁城的人調離原位

·分隔——原先做決定的人和後來執行計劃的人，必須是不

同的人，這樣，消除責任感可以降低事態惡化的可能性

．快速行動——如果有必要放棄→快刀斬亂麻

．保持獨立自主的判斷

突破資訊的迷障：

由於電腦科技的進步，要統計／製造數量龐大的充足資訊已不是難事，但如何取得「精確」的資訊與善用資訊，乃成為擬出最好決策的關鍵因素。

①不要被資訊誤導：這個世界上，沒有什麼資訊是完全可靠的，我們永遠無法消除資訊中的扭曲和不準確。要降低被誤導的方法，就是充分考慮及理解，包括掌握：

A.資訊的出處

B.數字背後的真相

C.資訊和知識的差別

②破除資訊背後見不得人的行為和狼狽為奸的目標。

為此，必須了解被操控的真相，降低受騙的可能。資訊誤導的情形如：

A.挾巨量淹沒決策者

B.降低決策者對問題的了解程度

C.方便掩飾不利的資訊

D.創造信心假象

③破除之道乃是掌握精確與善用的原則，才能避免被人玩弄。

步驟如下：

A.過濾：

a.保留或低調處理不利的資料

b.强調較能夠控制或有利的資訊

B.破解：

a.找出計劃所依據的資訊

b.詳細加以檢討

④避免過度依賴專家。

由於這種依賴，專家便握有權力，且運用這種權力來誤導他人，如會計師可以在報表上顯示出不錯的投資報酬率，但以小字附記「由準備金移轉」，亦即表示組織實際上虧損，必須動用準備金來潤飾才有獲利。

破解之道：

A.運用常識判斷

B.聽取他人意見

C.相互比較

⑤避開印象管理常見的一些表象偽裝。

A.描繪振奮人心的遠景

B.設法得到決策者的認同

C.百折不撓

D.迎合決策者的偏見

E.讓決策者覺得他們的所作所為絕無錯失

3.領導能力

(1)知人——知人善任。

(2)用人。

(3)威信的樹立。

(4)賞罰的運用。

(5)對自己左右的幹部應對的態度。

4.國際事務能力

(三)專業經理人在資方與同事間的角色扮演——家臣與專業經理人的主要區分

(1)在董事會決定會議裡,代表資方。

(2)落實在執行過程中,代表勞方。

(3)公、私交往的分際——不介入大股東私務或家族之間的糾紛。

(4)不處理大股東私人或家庭性事務。

(5)不做寵物。

(6)做人與做事：做事→理/情/法。

做人→情/理。

(四)專業經理人在逆境中更能展現最佳機會

(1)裁員——對任何公司而言，裁員是一件非常痛苦的決定，非不得已採行，就必須有把握能徹底精簡機構人員，且應一次達成，否則，一次又一次精減裁員，導致團隊士氣低落、員工不信任公司，將造成管理工作的困難。

(手術，要精準)

·平常→依法準備勞工退休和資遣的準備

·第二職能訓練

·執行時，依法；付費從寬

·嚴格執行屆齡退休及滿年資退休

(2)景氣時的分散投資及多元化經營，在衰退期會因現金流量不足而陷入困境。

·把資源集中於最熟悉的核心業務（了解專業特性）

(3)國際化——二十一世紀的經理人必須比以往更國際化，經理人最好能在四十歲以前，精通二～三個國家的語言。

(4)教育訓練的完善與否，是企業未來能否成功的關鍵所在外在的競爭不足懼，但如果員工的教育訓練不佳，公司最後屈居下風是必然的。

（五）專業經理人的幾種功德

借用佛法中的一段話來做總結：

十方世界，如恆河沙等國土中，諸菩薩摩訶薩，以四事攝取眾生。何等為四？

「布施、愛語、利行、同事」

1.布施

財布施、法布施、內布施、無畏布施（教給別人以無畏的精神，勇敢地行動）。

2.愛語

良好的談吐。

不良談吐的原因：

(1)情緒不穩定。

(2)自我中心。

(3)不能肯定自己。

(4)缺乏說話的訓練。

其中不能肯定自己，大都導因於把握不住自己的原則和立場，作錯誤的意見溝通，事後懊悔或爽約，造成困擾。

3.利行

中國人常說：「君子有成人之美。」鼓勵別人實現理想，給別人方便，讓他順利達成目標；讚美別人，鼓舞其信心和士氣，這些美德，都是佛法所謂的利行。

4.同事

指參與、共享。

參與能使人學習更多東西，完美自己的生活，使自己變得熱心、有活力，心靈也得到淨化和提升。《華嚴經》有一段話，最足以代表「同事」的意義，大意是這樣說的：

醒覺慈悲的大士，能順應別人的需要，就等於順應供養十方諸佛；能凡事尊重他人就等於尊重如來；能使大家圓滿歡喜，無異令一切如來歡喜。

換個位置看，如果您今天是B象限裡的老闆、董事、監察人，

當您們要任用一位「專業經理人」時，這些核心價值一樣是您思考評量的依據。

讀者回應

我在讀《史記．貨殖列傳》時，有這樣一句話：「是以無財，作力；少有，鬥智；既饒，爭時。」用白話文來說，就是「沒錢靠勞力，錢少靠智力，錢多靠時機」。現在拜讀您大作有關「金錢——人世間運轉的核心」一文，讓我對金錢運作的邏輯得到貫通，智慧有開了！謝謝！

高雄　羅美玲

大作中有關「如何成為專業經理人」的論述，是我看過諸多管理類或人才教育、成長類書籍中，最精要的。也是現在中國企業管理階層所最欠缺的人格素養和專業能力。這三十年的改革開放，雖讓中國部分人富裕起來，卻也是弊端叢生。學界諸多建議，都未如此具體，真是感謝您給我們的啟發。

數年前有機會聽南懷瑾大師的演講（大作致感謝公開信一文，特別提及南懷瑾師父對您的教誨），其中提及有關《易經．繫傳》：「吉凶悔吝，生乎動者也」的道理，對處於當今金融動盪時代的人們，尤其專業經理人，更具意義。特將我的筆記予以整理，提供給您參考。

《周易・繫傳》：「吉凶悔吝，生乎動者也。」用現代語言來講，就是吉、凶、倒楣、閉塞四種人生現象，由行動中來，在動態平衡中，人生得以運行。事情沒有絕對性，是隨著時間、空間的換位，隨時在變動，人的行動若在這變動過程中取得平衡，就可掌握自己。

延伸推論，可以說：

第一等人，知道局勢要變了，把握住機先而領導變革。

第二等人，變局來了，跟著改變。

第三等人，變都變過了，還在悔恨，其局勢已經變過去了，他被時代遺棄了。

上海　周博文

第四節　中道生活：婚姻、家庭、同事和社會人際關係互動的準則

對於婚姻，每對夫妻都是獨一無二的結合。市場上談婚姻的書籍汗牛充棟，電視節目討論盈耳，但是現代社會離婚率還是居高不下，且上升趨勢明顯，到底怎麼了？**婚姻和家庭是人的問題，還**

是要回到人的本身。我的看法是：夫妻雙方要把婚姻的價值，提升到信仰的層次，家庭成員相處要讓對方有被疼惜的感覺。這才是婚姻、家庭生活、中道生活的意義。

其次，同事和社會人際關係。職場同事由於有公司制度的規範，相處並不難，若能奉行前面提到的專業經理人的幾種功德：布施、愛語、利行、同事，充分實踐，您一定是辦公室裡人緣好、受尊敬的人。至於社會人際關係單純化、簡單化，只有適合相處與否，沒有情緒和怨懟，有些人磁場不對，不好相處，勉強要花許多時間與之糾纏，反而影響自己的生活步調，所以不親近這些人，但這些人對我而言，是平等的，至於關係遠近就看因緣了！

最後，也是最重要的，佛法論述的中道生活是什麼樣的生活呢？

中道生活是跟清明的正見及生命的願景結合在一起的，更深刻的說，就是戒的生活。什麼是戒？洪啓嵩禪師說：「最深刻的戒，就是生活。」「戒」一開始是一種生活規範，就是生活的合理化。宋朝的法演禪師[1]如此說戒：

勢不可使盡，使盡則禍必至；福不可受盡，受盡則緣必孤；話

1 法演禪師，俗姓鄧，北宋臨濟宗楊岐派禪僧。年三十五始出家受具足戒，遊學成都，習百法、唯識諸論。後負笈南渡淮浙，遍訪名師，曾謁見圓照宗本，咨詢古今公案古則，復參浮山法遠及白雲守端禪師，參究精勤，遂廓然徹悟。晚年因住五祖山東禪寺，故世稱「五祖法演」。其法嗣以佛眼清遠、太平慧懃、圜悟克勤最著，有「法演下三佛」之稱。

不可說盡，說盡則人必易（易，生變也）；規矩不可行盡，行盡則人必繫。

這就是在警示我們，凡事皆不可太過極端，當留點空間給自己或別人。

勢不可使盡：有人掌握權柄，便吆三喝四，不可一世；又有些人，更是乘勢而起，爭一時的龍鳳。殊不知，勢力一用盡，即災禍到來時，正如「飛鳥盡良弓藏，狡兔死走狗烹」，後悔莫及矣！

福不可受盡：有的人認為擁有了錢財，人生就很幸福。但是金錢若使用不當，往往是罪惡的來源。

話不可說盡：凡事要留個餘地，愈是憤怒的時候，愈是要克制自己，不輕易口出惡言，傷人傷己。佛經上說：「瞋火能燒功德林。」一時的怒氣，無心的言語，往往會毀掉多年辛苦培養的友誼與功德。待人謙遜包容，不驕矜，不恃寵，靜坐常思己過，閒談莫道人非，要常常反省檢討自己的缺失，而不斤斤計較別人的過錯。寧可他人負我，我決不負他人；以責人之心責己，以恕己之心恕人。能夠以如此寬容、體諒的心來對待社會生活的一切，擺在眼前的必定是一條坦蕩的大道。

規矩不可行盡：有的人好發號施令，自以為威儀具足，唯我獨尊。事事明察秋毫，戒律森嚴，往往刻薄寡恩；要明白，就算是佛戒也有開解。歷史上的故事，商鞅協助秦孝公變法，在極短的時間內，使質樸落後的秦國，變成威震天下的强權，這是中國歷史上極少見的異數；但是，商鞅本人也為這個成功付出慘重的代價。

所以說：「勢不可使盡，話不可說盡，規矩不可行盡，凡事太盡，緣份勢必早盡。」也是一種戒的生活。故中道生活的智慧能「和其光同其塵，抱其樸守其真」。

佛法要求在家居士必守五戒，即殺、盜、淫、妄、酒五個戒律，洪啓嵩禪師對五戒的詮釋，這裡摘錄給茶友們參考：

五戒是很深刻的。殺、盜、淫、妄、酒五個戒律，如果只是從表相上看，就太膚淺了。第一條殺戒：殺是殺生，依戒律而言是指殺人，不是殺動物，殺動物是三級的罪，殺蚊子或蟑螂不大好，但非五戒所禁止。

戒條必須善巧了解守護，遵守其制戒精神，比如當媽媽的，如果小孩子肚子裡長蛔蟲，這時要不要投藥驅蟲？煮飯炒菜，菜內有微細蟲菌算殺生否？

已故陳健民上師，當他在美國弘法時，有人跑去問他能不能殺蟑螂？結果他想了很久楞在那邊不曉得如何回答，只好寫詩自嘲，因為他不曉得要殺或不殺；這就是為什麼我們要了解其實殺戒是否應該歸屬其中，其基本精神不是殺，而是「不害」，它的原義就是不害。

關於飲酒戒，酒包括了迷幻藥，凡一切具迷幻性質的東西都屬於此戒。為什麼？因為如果染上這惡習，前面的其他四件事都可能會發生。

所以五戒的精神原義，是築基在人類對自我、對他人衝擊最大、傷害最大的行為，都不應該去做，會在不知不覺中去引發的五項行為予以提醒防護，依這個精神而去擴大衍伸，就成立五戒十善的生活軌範。

這裡面的自然精神，是一種對自我生命及他人生命的尊重，基本上是促進和合，以追求一個合理的生活，因為只有合理的生活，才能讓我們身心安定，而不會跟外界發生衝突，這樣才能在自然的身心安定之中產生智慧，有了智慧之後，才能回到「戒」的真正意涵裡面，讓生活跟中道結合，而過一個中道或開悟的生活。

讀者回應

謝謝您致贈的書籍，當天回家一口氣品完書籍，稍能理解您贈書之緣由，感謝您認同小女子人生堅持之信念。第一次品完書籍，結論是「自然」二字，這是人生中一直學習成長的。當然還有羨慕您：持信念＝投資賺。

第二次詳細閱讀後，心得是「守中」二字，簡言之：「傲不可長，欲不可從（縱），……」有興趣者請查閱《禮記》，他老人家分享智慧之書，轉分享囉！

台中　林蕙青

積善之家，才得福、祿、壽。

大壺大量，量大福大
火中焠鍊出精彩

以茶論禪——和尚家風

茶做為精進坐禪修道的良方，到最後將心與茶完全相融相應；將茶匯入禪宗辨證體系，展現最圓滿的生命境界，它讓茶超越了物性的原始意義，成為幫助修行人悟道、圓滿的靈性飲料。

唐代因禪宗盛行，茶的質素與禪相符，所以在寺院生活中，幾乎有禮儀必有茶。住持和尚也經常出面請大家吃茶。因此禪寺中，有以僧或行者掌煎茶職司的茶頭，行茶禮或祖祭進獻茶湯時鳴茶鼓，每日供奉在佛前的煎茶稱為茶湯，而禪寺中以茶相款待的禮儀則稱為「茶禮」。

福建武夷山一帶，還把講經說法等佛事，稱作「普茶」。現在佛寺的「普茶」則以較輕鬆的方式來進行，邀請信徒到佛寺一起喝茶論禪。宋朝道原禪師[1]著《景德傳燈錄》裡，提到喫茶禪的公

1 道原禪師，亦作道源、道元，北宋禪僧，是禪門法眼宗德韶的弟子。他所著的《景德傳燈錄》，記載了禪宗祖師們的言行，為中國佛教史留下了豐富的材料，對後世影響深遠。

坐八怪 徐秀棠作 丁文章收藏

怡情

養性

規矩

調心

案，進而形成和尚家風。這裡引介大家熟知的供參考，**盼我茶友，以前章提到的「正見、善護念、安住的心」來領悟這些公案，否則就變成「口頭禪」了。**

（一）茶禪一味

宋朝高僧禪門第一書《碧巖錄》作者圓悟克勤禪師[2]，親手寫下「茶禪一味」的墨寶贈與前來求學的日本南浦昭明禪師，從此在中國和日本開啓茶禪修行的風氣，提出茶與禪的不可分離和互相映照，將生活與修行融合在一起的生命態度。

在鎌倉時代，日本奈良林田珠光和尚，參禪於一休宗值，將禪法的領悟融入飲茶之中，因而開創出日本尊崇自然，尊崇樸素的草庵茶風。珠光提倡：茶禪一味或稱茶禪一如，主張茶友要擺脫物慾的糾纏，通過修行來領悟茶禪的內在精神。之後武野紹鷗將之發揚光大，用日本文化中獨特的素淡、典雅來形塑茶道，使茶道變成日本民族精神的一部分。武野紹鷗的弟子千利休，則將日本茶道的「四規七則」確定下來。四規即：和、敬、清、寂。「和」是環境與賓主之間的和諧、和悦、和睦；「敬」是尊敬，有禮儀；「清」是純淨、清潔；「寂」是凝神靜氣。七則是：茶要濃淡適宜；添炭煮茶要注意火候；茶水的溫度要隨天氣調適；插花要新鮮；準備時

2 圓悟，亦作圜悟，即佛果克勤禪師，「圓悟」乃師之賜號。為北宋臨濟宗楊岐派僧人。克勤曾以雪竇重顯《頌古百則》所選的一百則公案為主，為門人評唱，並下注語，名為《碧巖錄》。

3 如寶禪師，唐末五代時期禪僧，溈仰宗西塔光穆之法嗣，住於江西資福寺。生平不詳。

4 皎然，俗性謝，唐代詩僧，乃南朝詩人謝靈運十世孫。他的詩清麗閑淡，多為贈答送別、山水遊賞之作。

間要早些；不下雨也要準備雨具；要照顧好所有的客人，包括客人的客人。

同時，千利休也提出：「一期一會」的茶禪感悟。「一期」代表人的一生；「一會」代表僅有一次的相會。換句話說，我們要珍惜身邊跟我們一起喝茶的人，誰知道下一刻，這些人又會在哪裡呢？既然是人生中僅有的一次相會，為了讓主客了無遺憾，我們就必須盡全力，精心準備這個茶會，於是茶會中的花、壁上的掛軸、手中的茶碗，樣樣都是能讓茶人歸於沉著、恬靜的道具。此時無聲勝有聲，大家都有最深的體悟，主客融為一體，完成此生最後的一次相會。於是，只不過是一杯茶，大家便能心領神會，就已經是現世中至高無上的幸福。

更深切而言，一期一會，在禪法裡本意指「惜緣敬業」，這「業」是泛指身、口、意等一切造作。

（二）飯後三碗茶，飢來吃飯，睏來即眠

在宋朝道原禪師的《景德傳燈錄》裡，提到喫茶就有六、七十處之多，其中一則公案記述：門人問：「如何是和尚家風？」如寶禪師[3]說：「飯後三碗茶。」徒弟問師父：「什麼是你的家風，你的宗旨是什麼？」師父說：「飯後三碗茶！」唐代詩僧皎然[4]更有：

「三飲便得道，何須苦心破煩惱」之詩句。什麼是飯後三碗茶？吃飽飯，喝喝茶，什麼事都不要想。人往往不懂得珍惜擁有的東西，不知把握當下，常在失去時，才知失去的珍貴，這叫「愚痴」。

「飢來吃飯，睏來即眠」，出自大珠慧海禪師[5]說法。有源律師來問：「和尚修道，還用功否？」師曰：「用功。」曰：「如何用功？」師曰：「飢來吃飯，睏來即眠。」曰：「一切人總是如是，同師用功否？」師曰：「不同。」曰：「何故不同？」師曰：「他吃飯時不肯吃飯，百種須索；睡時不肯睡，千般計較。」已成就的修行者，家風平實，我們平常過生活是怎樣的品質？哪一樣苦惱不是自招？我一位在家居士朋友昌言先生，修行頗有成就，藉著媒體討論五大窮忙產業的新聞，發了一封電子郵件給我，很有啓發性，全文轉載，供茶友共享。

〈忙與閑〉由什麼決定？不是〈現實〉，而是〈心〉所感受……三業之王——〈意〉所作之業！

〈現實〉如何，只是過去〈意業〉累積造成的〈果〉！未明此理，沉淪無已……

〈窮與富〉亦然，當下頂多〈餓死〉，那是〈肉體需要〉，其餘都是〈欲望〉，即——〈意〉所作之業！

5 大珠慧海禪師，俗姓朱，唐代禪僧。原從越州（今浙江紹興）大雲寺道智和尚出家，後謁見馬祖道一，道一禪師以「自家寶藏」啟發，慧海禪師因而頓悟。慧海禪師在道一門下為侍者六年，後因道智和尚年老多病，於是回到越州。著有《頓悟入道要門論》。

什麼叫做〈意〉所作之業？這是個纏繞性會自我繁殖的課題……只——釋迦牟尼能〈解〉，麻煩咧？

〈愈窮愈忙〉與〈愈富愈閑〉一樣，都持續滋長〈顛倒夢想〉，都是〈苦之果〉再生成為〈集之因〉！

所以〈人生苦境〉幾乎永遠存在，想要超越非常不容易吶……

通常媒體由〈窮忙〉之輩主其事，於是欠缺〈富忙〉的理解能力，普遍落入〈羨富慕閑〉八卦……

其實富人〈內心〉若非〈窮忙〉，早就依王莽方式死亡，肚臍點蠟燭幾個月……資源回收嘛！

〈窮與富〉祇是〈顛倒夢想〉項目有別，沒有〈忙與閒〉問題，關鍵在於〈真正活著〉之有無罷了~~

這世界長期（內在／外在）存在著：剝削與被剝削、奴役與被奴役、依賴與被依賴三種鎖鏈關係

人必須先由內在〈掙脫鎖鏈〉，進而才可能掙脫〈外在鎖鏈〉——否則什麼困境也解決不了！生活祇是〈運氣生滅〉罷了，〈內在鎖鏈〉封閉了世界一切可能，剩下〈老／病／死〉三兄弟……

除了無窮無奈的企盼與落空，就是無聊與無助，即使身為巨人般〈剝削／奴役〉者，情況沒變！

坦白講，〈富人〉我見識過，比見識〈窮人〉多太多了，〈窮樂〉與〈富苦〉比例實際相同罕見，信否？

〈真正活著〉本來〈稀有〉……我也僅能〈偶爾〉如此，譬如，Just >>> now！

順手寫下，請仔細玩味>>~~~~~

***福至必於賦閒時，心空始納妙玄機！OK？

（三）喫茶去

唐代的趙州禪師[6]曾遍歷諸方，是位偉大的禪僧，他在河北省趙縣柏林禪寺時曾經留下「喫茶去」的公案。

有二位水僧參訪趙州，請教佛道。趙州禪師問他們，你們以前曾來過嗎？一僧答，不曾到。趙州禪師說：「喫茶去！」另一僧答，曾到。趙州禪師說：「喫茶去！」立在一旁的院主滿腹狐疑地問道，怎麼來過的跟沒來過的都要去喫茶呢？趙州禪師叫院主的名字，院主隨即應諾，趙州禪師說：「喫茶去！」

一句「喫茶去」代表著趙州禪師的禪心。所謂的禪心就是平常心，千言萬語，不外乎「喫茶去」，這一句「喫茶去」，也就是從日常的喫茶吃飯中，尋求自覺。所以不管是已經來過的、不曾來過的，或是發問的，都該自己從喫茶中找答案。喫茶去，是平等心，

6 趙州從諗禪師，俗姓郝，唐代禪僧，南泉普願門下的洪州宗（即馬祖道一傳下的洪州禪）傳人。從諗在南泉普願禪師門下二十多年，以「平常心是道」開悟心地。後參訪諸方，八十歲時受請，住趙州城東觀音院教授後進，時人尊稱他為「趙州古佛」。他承襲洪州宗風，重視在日常生活中的修行，常以「喫茶去」接引學人，故有「趙州茶」的稱號，也進而啟發了後世的日本茶道。

現現成成，一切圓滿。超越一切悟與未悟等差別相，大家歡歡喜喜，自自在在，喝一杯好茶。

茶道是禪生活化的表現，也就是「茶」、「道」合一，以茶入道，從生活中去體會禪；以道入茶，將禪落實在生活中。

再問為什麼要「喫茶去」？有二句話說：

「人間是非多，喫茶語便默。」「百味難回味，喫茶忘憂煩。」如能喫茶、品茶、悟茶，「是非皆平靜，人間便太和。」比如你是一個有錢人，「喫茶去」是讓你去享受那份寧靜；如果你煩惱很多事，表示你未因有錢而富有，反而是做了「錢」的奴隸。如果你那麼幸福還在煩惱，表示你未充分享受幸福。所以禪宗叫人要把握「當下」，不管過去、未來，你才不會踏空。當前不管順逆，你都要感恩，因為感恩才會見到空性！感恩來自感覺、感謝與感動。

何謂當下？

《金剛經》說，過去心、現在心、未來心，三心不可得，當下是超越時間概念的。當下即是現前，是脫離於時空因緣的。業餘和職業攝影家都知道，鏡頭底下的人物或山川、海洋、日月星辰，並不在幾碼之外、幾里之遙，或多少光年之外，或是過去的歷史，而是此刻就實現在他的鏡頭之下和他的內心之中，他和鏡頭所要獵取的不是別的地方或其他時刻的景物，按下快門的那個動作，就是「當下」。

（四）心茶十德

當代禪師洪啓嵩以茶的原心做為茶禪一味的證道，提出：「茶者，心之水，飲之暢靈」來表達心茶的意境。茶是心之水，只有將茶與心完全相合相應在一起，才能回到禪者喝茶的本位，就像禪宗趙州禪師「喫茶去」的公案，一個禪師以悟境與茶完全相應的精神。

茶做為精進坐禪修道的良方，到最後將心與茶完全相融相應；將茶匯入禪宗辨證體系，展現最圓滿的生命境界，它讓茶超越了物性的原始意義，成為幫助修行人悟道、圓滿的靈性飲料。

最後，並仿佛經偈的方式，提出心茶十德：

茶者心水，飲之暢靈，心茶十德，飲者自明。清心醒腦、調氣通脈、養生長壽、廣交善友、同樂其心、慈樂致福、共成事業、開悟明智、禪悅自在、世間和平。

當代紫砂壺名家作品　作者收藏

束旦生作

吳震作

獸型壺　徐秀棠作

黃自英作

（五）平常心是道

平常心是我們社交生活時，經常會用到的一句話，平常心用之於平緩自己的心緒，是如何？用之於安慰親朋好友時，又如何？若自己沒有一個究竟的正見，那也是一句口頭禪或客套話而已。「平常心是道」的思想，自馬祖道一[7]提出之後，即影響了以後整個禪宗思想；不過把「平常心」當作中心旨趣，形成家風的，卻是南泉[8]和趙州師徒。

《景德傳燈錄》中記載馬祖道一所謂的平常心是道，全文是這樣說的：

> 道不用修，但莫污染。何為污染？但有生死心，造作趣向皆是污染。若欲直會其道，平常心是道。謂平常心無造作，無是非，無取捨，無斷常，無凡無聖。經云：非凡夫行，非聖賢行，是菩薩行。只如今行住坐臥，應機接物，盡是道。道即是法界，乃至河沙妙用，不出法界。……性無有異，用則不同。在迷為識，在悟為智。順理為悟，順事為迷。迷即迷自家本心，悟即悟自家本性。一悟永悟，不復更迷，如日出時，不合於暗，智慧日出，不與煩惱暗俱，了心及境界，妄想即不生，妄想既不生，即是無生法忍[9]，本有今有，不假修道坐禪，不修不坐，即是如來清淨禪。如今若見此

7 馬祖道一禪師，俗姓馬，又稱馬道一，唐代禪僧，洪州宗的開創者。開元年間，他來到南嶽般若寺謁見懷讓禪師，懷讓以「磨磚既不成鏡，坐禪豈得成佛」的機語點撥，道一於是入懷讓禪師門下修行禪法而開悟。馬祖道一禪師門下極盛，其中又以西堂智藏、百丈懷海、南泉普願最為有名，號稱洪州門下三大士。百丈懷海門下，後又開衍出臨濟宗與溈仰宗二宗。

8 南泉普願禪師，俗姓王，唐代禪僧。他十歲出家，三十歲時，於嵩山會善寺暠律師處受具足戒，開始精研法相宗及律宗毘尼典籍，深入《華嚴經》、《楞伽經》及三論，並開始四處參學。後至馬祖道一門下參學開悟，成為道一門下最重要的弟子之一。南泉禪師雖然沒有自立宗派，但他承襲了馬祖道一「平常心是道」的學風，重視在日常生活中的修行，將洪州禪風發揚光大，開啟了臨濟宗的棒喝學風，也擅用圓相接引學人，開溈仰宗的先聲，對於後世禪宗的影響很大。

理真正，不造諸業，隨分過生，一衣一缽，坐起相隨，戒行增薰，積於淨業，但能如是，何慮不通。

這個思想，從此開啓了唐朝以後禪宗應機接物，不離日常生活的漢民族特有的禪風。趙州從諗禪師問南泉：「如何是道？」南泉曰：「平常心是道。」趙州曰：「還可趣向否？」南泉曰：「擬向即乖。」趙州曰：「不擬時如何是道？」南泉曰：「道不屬知不知，知是妄覺，不知是無記，若是真達不疑之道，猶如太虛，廓然虛豁，豈可强是非耶？」

這個平常心乃是指現成的真心，是超越了知與不知的。知是思慮，凡是把道形成上看得高深莫測的，都是屬於知；所謂不知，就是執空一端的人，斷滅心思，把道真個看作木石、磚瓦，所以真正的平常心，是活潑的現成真心。

後來長沙景岑禪師[10]一樣繼承了南泉的思想。僧人問：「如何是平常心？」師即說：「要眠即眠，要坐即坐。」僧人再說：「學人不會。」師再說：「熱即取涼，寒即向火。」這種强調一切順乎自然，依於本性。「平常心是道」這是多麼平易，多麼清楚的事；可是多少人卻不能從平常心處體悟。把道看得高深莫測，於是愈追求，反而離道愈遠。反觀內照，明心見性，又何必苦苦向外探求。

9 無生法忍，略稱無生忍，即是遠離生滅後之真如實相理體也，真智安住於此理而不動，於初地或七八九地菩薩所得之悟也。案，「忍」之次第有五：一伏忍、二信忍、三順忍、四無生法忍、五寂滅忍。初學佛時煩惱未斷，遇惡緣逆境時，須刻意降伏煩惱，不令生起，此為「伏忍」。經過一段長期的伏忍，令心安住於理，此時對佛法的真理，能信受不疑，即為「信忍」。於真理深信之後，對一切外境皆能逆來順受，心中隨順諸法真理，安忍於心，由此順趣菩提，是為「順忍」。更進一步，悟入諸法不生之理，不論任何外在眾生的侮辱或遭遇世間災變橫逆的境界，都能忍可安住於心，即為「無生法忍」。最後，諸惑斷盡，清淨無為，湛然寂滅，是為「寂滅忍」。

10 景岑禪師，唐代禪僧，為南泉普願禪師法嗣。曾住胡南長沙山，大宣教化，時人稱為長沙和尚。

梅花　吳東昇作

正如無盡尼[11]的《詠梅詩》說的：

終日尋春不見春，芒鞋踏破嶺頭雲；
歸來偶過梅花下，春在枝頭已十分。

當代禪師洪啓嵩就南泉普願與趙州從諗師徒論述「如何是道」這個公案時，提出的詮釋，是我聽過最如法的說法，摘錄於下，以提升茶友的正見。

趙州從諗禪師於南泉普願禪師門下參學。

有一天，他向南泉問：「如何是道？」

南泉那時也滿平常的，就說：「平常心是道。」這也是南泉的師父馬祖教的標準答案。平常心嘛，有什麼稀奇？

11 無盡尼禪師，唐朝六祖惠能門下，第一位出家的女弟子。

「那是否還可以有趣向呢？」從諗希望這平常心的道，像方向盤一樣可以轉過來，彎過去，隨意操作，那可就樂了。因此，十分有興致地問下去。

南泉這老人家，雖好玩，但絕不亂玩，哪能讓他亂搞造作，當作平常心？如此一來，平常心可不是能變成忿怒的平常心，平常的忿怒心；貪染的平常心，平常的貪染心；預備的平常心，平常預備的心；趣向的平常心，平常趣向的心嗎？這樣的平常心恐怕難以平也難以常了。

因此，南泉就回答說：「你如果擬有趣向的話，就錯了。」從諗還是不死心，想爭取另類的平常心，就說：「我如果不預擬的話，怎麼知道是道呢？」原來從諗喜歡虛擬實境，預先想好了道，然後再睜開眼睛，說：「賓果！與我預想的一樣。」也真難為他了，畢竟不會游泳的人，游泳前總是會先想好各種姿勢。但如果搞不清楚實相，將虛擬游泳當成實際游泳，那可慘了，要鬧人命的。

南泉這時苦口婆心的教育這幻想少年，他說：「道不屬於知，也不屬於不知。知是虛妄的覺知，不知是昏昧的無記。如果真正達到不疑之道，就會猶如太虛一般，廓然蕩豁無礙，豈可強加以分別是非呢？」

這一說，從諗懂了，懂了就悟了平常心之理了。其實平常心真平常，可不是不平常。許多人口中掛著要平常心，只是為了保持自己不平常的心，所以說那是平常心，未免可憐。把平常的貪、瞋、痴心，說成平常心，那也會平常受苦而無礙，可真慘了！

茶友們，當你的正見照知「茶禪一味」、「飯後三碗茶」、「飢來吃飯，睏來即眠」、「喫茶去」、「心茶十德」和「平常心」等諸法義後，請善護念，安住其心即可相應於：

春有百花秋有月，
夏有涼風冬有雪；
若無閒事掛心頭，
便是人間好時節。

也相應於雲門宗開山祖師文偃禪師[12]的名偈：「日日是好日」，祈願我茶友，日日是好日。

12 雲門文偃禪師，俗姓張，唐末五代禪僧，為雲門宗的開山祖。他曾在雪峰義存禪師門下依住三年，受其宗印，後聲名漸著。他於化導學人時，慣以一字說破禪旨，故禪林中有「雲門一字關」之美稱。此外，亦常以「顧、鑒、咦」三字啟發禪者，被稱為「雲門三字禪」。著有法語、偈頌、詩歌等，由門人守堅編錄為《雲門匡真禪師廣錄》三卷及《語錄》一卷行世。

13 許維城，字幹臣。清末副貢生，善書畫，其字俊逸灑脫，靈動自然。此幅作於一九二二年的畫作，在傳統潑墨法的運用上，鍾山川之靈秀，臻於神韻境界。仁者取天地之美以養其志，而蘊育生命的般若。張大千於一九五九年七十歲左右，在傳統潑墨法的基礎上，借用抽象表現主義的技法，以大面積潑墨彩為主的畫作，許維城、張大千可謂各擅勝場。惜許維城傳世畫作不多，較少有藝術史家研究，拍賣市場更少見其作品。

秋山烟雨　許維城[13]作　作者收藏

茶禪家風——傳燈永續

半畝方塘一鑑開，天光雲彩共徘徊，
問渠那得清如許？為有源頭活水來！

宋・朱熹

茶禪家風，是把一生的理想，在實踐生活中累積一種家庭、家族的風格和核心價值，形成有教化意義的典範。家風一定是根植於文化傳承和人格教養上，表現於日常生活中，人稱「風度翩翩」或「風姿綽約」，是一種有教養的動態美感，舉手投足令人動容，是把人生境界的精神領域外顯而感動於周邊的人，讓人有如沐春風或風行草偃的覺受。所以說，文化傳承與人格教養是茶禪家風——傳燈永續的源頭活水！

漢民族的文化精髓在哪？有文字記載的歷史有二千六百多年。文化精神核心定於春秋戰國時期，當時學術風氣自由，各家學說充分且自由的論述，傳播不受政治力的打壓，學者也可以周遊列國，

源頭活水，生生不息

宣揚自己的學說，希望獲得當政國王的採用，達到匡世濟民的目標。漢民族文化、學術的精華，在這段時期遂告形成。後世雖有詮釋增益，大略不脫這段期間諸子百家闡揚的精義。就如佛法成於釋迦牟尼佛時代，後世祖師論說，有助於當代人進入修行理路，但離不開佛法精義，可以說春秋戰國諸子百家學說，是漢民族文化的源頭活水。

漢民族文化的精義是什麼？一九七二年中華文化復興總會提出四十一本典籍，委由台灣商務印書館編譯出版。茶友有更進一步的研究興趣，可查詢台灣商務印書館。當代大師南懷瑾老師，則重在《論語》、《老子》、《易經》、《易經繫傳》、《大學》、《莊子》等的詮釋發揚。研讀這些古籍經典，以南懷瑾老師的文字較容易閱讀和理出一個進入經典的樂趣和智慧，這些書都由老古文化事業股份有限公司出版。

第一節　茶禪家風建構的核心思想

這些浩瀚的典籍中，我藉古人的智慧提出：（一）無德而富貴，謂之不幸；（二）見與師齊，減師半德，見過於師，方堪傳授；（三）欲得撐門並拄戶，更須赤腳上刀山。三個核心看法，主要都在講優秀的傳承子弟不容易獲得，若有幸得到見過於師的人才，栽培的方法，更須像赤腳上刀山一樣的嚴厲磨練，方始有成。三個核心的論述，以這核心思想來做為茶禪家風的建構。

（一）無德而富貴，謂之不幸

班固[1]於其著作《漢書》中的一段話：

> 昔魯哀公[2]有言：「寡人生於深宮之中，長於婦人之手，未嘗知憂，未嘗知懼。」信哉斯言也，雖欲不危亡，不可得已！是故古人以宴安為鴆毒，無德而富貴謂之不幸。漢興，至於孝平[3]，諸侯王以百數，率多驕淫失道。何則？沉溺放恣之中，居勢使然也。自凡人猶繫於習俗，而況哀公之倫乎！「夫唯大雅，卓爾不群」，河間獻王[4]近之矣。

前述這段話，見諸現代社會，同樣是不易的真理。整個文章要表達的是：春秋時代的魯哀公，自己感慨說：「生來就是要當國王，生長在深宮中，外面的世界什麼樣都不清楚，太監和宮女們侍候長大，一輩子不知什麼是憂愁，也不知害怕？」班固評論說，魯哀公這句話值得相信。對照現在富裕家庭的小孩，是不是一樣呢？

1 班固，字孟堅，東漢史學家班彪之子。他繼承父業撰寫《漢書》，但未竟而卒，和帝又命其妹班昭續寫。班固之弟班超，則是東漢名將及外交家，對穩定及拓展漢朝與西域的關係，貢獻卓越。

2 魯哀公，春秋時代，魯國第二十六任君主。後流亡越國，不知所終。

3 孝平皇帝，即漢平帝劉衎。漢朝除漢高祖和東漢光武帝外，所有皇帝的謚號前都有一個「孝」字，意喻強調孝治天下。

4 河間獻王，漢景帝之子，名德，封河間王。據傳，他修學好古，廣求天下善書，曾從民間舊宅找尋到一些古文經，並大力推廣儒術，故人稱宗室之賢。唐朝詩人張繼曾寫一首〈河間獻王墓〉，讚譽他：「漢家宗室獨稱賢」。

一個人在温室中長大，稍遇一些風波就要失敗，所以一輩子太享福，一切平安、順利，就沒有憂患意識，天天享福享樂，其實就像天天吃毒藥一樣，最後把自己毒死。一個人沒有建立自己的品德和行為準則，若得到富貴，這將招來不幸。社會新聞每天演出的影像，都在為這一句話做印證。

班固接著說，漢朝從劉邦開始到平帝時，分封出去的諸侯王有一百多個，這些諸侯王多驕淫失道，為什麼會這樣？一個沒有品德修為的人，一旦有錢有勢，就容易放肆的沉溺在聲色逸樂中，此形勢使然也；他所處的那個地位、形勢，自然有人來奉承，極盡阿諛之能事，促使他陷入聲色逸樂的享受中，久而久之，自然就衰敗了！班固感慨的說，平凡百姓都逃不出社會風氣和習慣、習俗的誘惑，何況諸侯王呢？那個功名和富貴，自然會把人陷進去。而在這道德淪喪之世，唯有河間獻王修學好古，廣納善書，力推儒術，在濁世中獨守清流，遂成宗室之賢。

茶友們，班固的這段話，品茶之餘，反照於社會百相，觀照於自己內心深處，必有正見，善護念之。

（二）見與師齊，減師半德，見過於師，方堪傳授

德唯取友，善在尊師　吳東昇作

此則禪宗名言，是唐代禪宗探討師生之間的問題。得道的高僧，每每為找不到傳法弟子而苦惱，就像現在的財團、大企業等，優秀的繼承子女不容易得一樣。怎麼講見與師齊？一個學生或子弟，見識與智慧，若跟老師一樣，就是減師半德，因為這樣無法超越老師。唯有「見過於師，方堪傳授」，學生的見識與智慧超過老師，才可傳授以功夫，將來必可發揚光大，所謂「青出於藍而勝於藍」，這是漢文化教育的重要精神。任何一個富裕家庭，都希望子女超越自己，但往往不可得。這可從前述班固的論述來探究。

（三）欲得撐門並拄戶，更須赤腳上刀山

國師[5]三喚侍者，侍者三應。國師云：「將謂吾辜負汝，元來卻是汝辜負吾。」

無門[6]曰：「國師三喚舌頭墮地，侍者三應，和光吐出，國師年老心孤，按牛頭吃草，侍者未肯承當，美食不中飽人餐，且道那裡是他辜負處，國清才子貴，家富小兒嬌。」頌曰：「鐵枷無孔要人擔，累及兒孫不等閒；欲得撐門並拄戶，更須赤腳上刀山。」

5　國師，即南陽慧忠禪師，俗性冉，唐代禪僧，法名釋慧忠。他是六祖惠能門下弟子，因備受唐朝三代皇帝——玄宗、肅宗、代宗——的禮遇，受封為國師，故世稱南陽慧忠國師。

6　無門慧開禪師，宋代禪僧，著有《禪宗無門關》，抄錄古來著名之公案四十八則，再加頌與評唱而成。

這則國師三喚的公案，一樣在講繼承人難找。慧忠國師藉呼喚侍者的名字，希望喚醒侍者的真我，結果三次呼喚，就像三道智慧的光芒，要去照射侍者的真我，可是三度被侍者盲目應諾，全盤擋了回來。後來無門禪師對這公案評論說：如果你慧忠國師禪門人才鼎盛的話，自然有傑出弟子，現在你有一位三喚也不開悟的侍者，又要怪誰呢？無門禪師以慧忠國師考驗弟子的方法，就像一個無孔的鐵枷鎖，套不進人頭，這種鐵枷鎖教人如何承擔？慧忠國師如果想要弟子來撐住門戶，開展禪風，還必須使弟子能赤腳上刀山這樣地下苦工鍛鍊。

茶友們，這則公案多看幾回，多思量，何謂「美食不中飽人餐」；何謂「國清才子貴，家富小兒嬌」。更須正見思惟：「鐵枷無孔要人擔，累及兒孫不等閒；欲得撐門並拄戶，更須赤腳上刀山。」

第二節　茶禪家風的教育目標

從典籍上的記載，漢民族的教育目標是：

（一）修身為本

「自天子以至於庶人，壹是皆以修身為本」，其最終目標在於從政，實現理想，使天下太平。這些實踐理想的核心價值，實行步驟在《大學》這本書裡，開宗明義就說：

> 大學之道，在明明德，在親民，在止於至善。知止而後有定，定而後能靜，靜而後能安，安而後能慮，慮而後能得。物有本末，事有終始，知所先後，則近道矣。
>
> 古之欲明明德於天下者，先治其國，欲治其國者，先齊其家；欲齊其家者，先脩其身；欲脩其身者，先正其心；欲正其心者，先

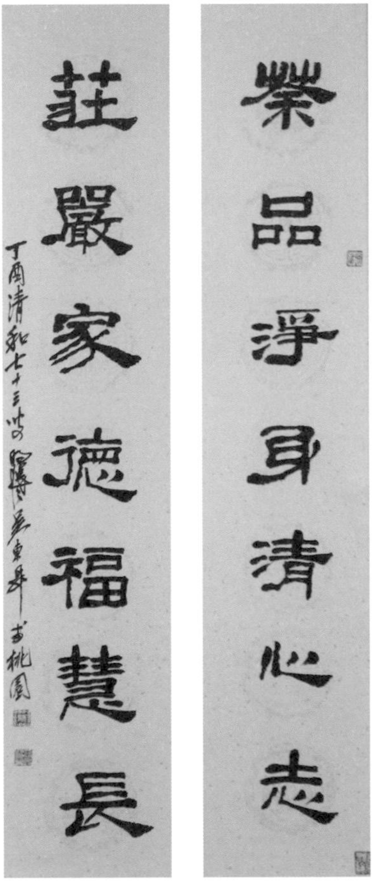

誠其意；欲誠其意者，先致其知；致知在格物。物格而後知至，知至而後意誠，意誠而後心正，心正而後身脩，身脩而後家齊，家齊而後國治，國治而後天下平。

（二）夫唯大雅，卓爾不群

班固特別提出：「夫唯大雅，卓爾不群。」真正有文化傳承、有思想、有教養的人，才能不隨波逐流，建立自己獨立的人格。

（三）敬業樂群

敬業可以分二個面向來看：一是學習成長階段。就是好好的做學問，學習人文，養成人格，學會謀生專業能力。不論學生時代、職場就業、創業做老闆的在工作中學習，這種敬業的學習是不間斷的。其次是職場工作階段，敬業指的是：

1.完成一件使命，有始有終，負責到底。
2.在時限內完成使命。
3.求完美的意志。

樂群，就是培養遵守在社會裡共同生活的倫理、禮節、秩序和能力，維護社會秩序和人際關係健康的道德。

第三節　茶禪家風的教育方法

從歷史軌跡來看，人才輩出的年代，也是名師濟濟的年代。觀其教育方法，言教、身教，多方啓發，以達有教無類的目標。春秋戰國時期的諸子百家是如此，禪宗興盛的禪師亦如是。這裡舉幾個典範的例子：

（一）靜默機鋒教育法

世尊因外道問：「不問有言，不問無言。」世尊據坐，外道讚歎云：「世尊大慈大悲，開我迷雲，令我得入。」乃具禮而去，阿難尋問佛：「外

奔　吳東昇作　作者收藏

如世良馬，見鞭影而行　王農作　作者收藏

道有何所證，讚歎而去？」世尊云：「如世良馬，見鞭影而行。」

這則典故，外道問的有言是有，無言是無，有言是肯定，無言是否定。他所要問的，不屬於有無兩端，不屬於肯定與否定，就是要問超越於語言概念之上的本體；既然是超越了語言概念之上，所以世尊就坐著，不言不語。

在禪宗的修行上，機鋒如閃電，能因機悟入的人，他的反應必須如良馬一樣，只要看到鞭影，便立刻奔馳，如果等到鞭子打在身上才動的話，早已變成為境所轉，又如何能開悟。

（二）類比啟發教育法

1.方法要用得對

有沙門道一[7]住傳法院，常日坐禪，師知是法器，往問曰：「大德坐禪，圖什麼？」一曰：「圖作佛。」師乃取一甎於彼庵前石上磨。一曰：「磨甎作麼？」師曰：「磨作鏡。」一曰：「磨甎豈得成鏡耶？」師曰：「磨甎既不成鏡，坐禪豈得成佛耶？」一曰：「如何即是？」師曰：「如牛駕車，車不行，打車即是，打牛即是？」一無對，師又曰：「汝為學坐禪，為學坐佛，若學坐禪，禪

7 即馬祖道一禪師。參見頁二三〇，註七。

8 南嶽懷讓禪師，俗姓杜，唐代禪僧，與青原行思同為六祖慧能門下弟子，二人後來形成南宗兩大支派，門下並進而開展出禪宗的五宗七派。懷讓禪師在六祖身邊侍奉十五年之久，後移居南嶽衡山觀音台。其弟子有道峻（又作嚴峻）、神照（又作慧照）、馬祖道一等人。藥山惟儼，潮州大顛，百丈懷海等大師，都是從神照出家的，但真正光大懷讓門下的，則是馬祖道一，道一禪師建立了洪州宗。其後代弟子又創臨濟宗、溈仰宗兩大宗派。

如牛駕車，車不行，打車即是，打牛即是？　戴國明收藏

非坐臥，若學坐佛，佛非定相，於無住法，不應取捨，汝若坐佛，即是殺佛，若執坐相，非達其理。」

這是南嶽懷讓禪師[8]繼承了慧能祖師對坐禪的態度，禪的精神在明心見性，不在冥思枯坐，也就是慧能說的：「若開悟頓教，不執外修，但於自心常起正見，煩惱塵勞，常不能染，即是見性。」

2. 功夫要下得深

百丈[9]云：「汝撥鑪中有火否？」師（溈山靈祐[10]）撥云：「無火。」百丈躬起深撥得少火，舉以示之，云：「此不是火？」師發悟禮謝，陳其所解，百丈曰：「此乃暫時歧路耳。經云：欲見佛性，當觀時節因緣，時節既

9 百丈懷海禪師，俗姓王，名懷海，唐代禪僧，為馬祖道一門下，承繼洪州宗禪法。百丈懷海從南嶽懷讓禪師的弟子西山慧照出家，後至馬祖道一禪師處參學開悟。道一過世後，他至洪州大雄山百丈巖住持，因此山山勢雄偉，故號百丈。懷海禪師對禪宗進行了教規改革，制定清規（後稱《百丈清規》），力行倡導「一日不作，一日不食」，把佛教僧侶乞食的傳統改為中國式的自食其力。其下門徒甚多，其中以黃檗希運、溈山靈祐最為聞名。黃檗希運的弟子臨濟義玄開衍出臨濟宗，溈山靈祐和他的弟子仰山慧寂則開衍出溈仰宗。

10 溈山靈祐禪師，俗姓趙，唐代禪僧，百丈懷海禪師門下，為溈仰宗的開創者。嗣法弟子有仰山慧寂、徑山洪諲、香嚴智閑等四十一人。著有《潭州溈山靈祐禪師語錄》一卷、《溈山警策》一卷傳世。

至，如迷忽悟，如忘忽憶，方省已物不從他得。」

當溈山撥爐中灰，説無火時，百丈深撥得少許火，這是啓發溈山，要明心見性，功夫必須下得深。這點火星，就是深藏內心的佛性。當溈山看到百丈所撥出的這點火星時，他心中如有所悟，似乎已了解百丈的意思。可是當溈山説出心中所見，為什麼百丈沒有印可，反而説是「暫時歧路」呢？因為當溈山心中如有所悟時，這已進人了佳境，接著便應好好護念，好好的實踐，可是溈山卻沒有這樣做，反而用文字去解説。殊不知一用文字去解説，就等於用文字去搪塞，好像自己能解釋，就等於自己已入道，其實這是兩回事。所以百丈認為這是歧路，真正悟道，在覺悟之後，還須用功去修。

（三）斷其依賴以自啟教育法

一夕侍立次，潭（龍潭崇信[11]）曰：「更深何不下去？」師（德山宣鑒[12]）珍重便出，卻回曰：「外面黑。」潭點紙燭度與師，師擬接，潭復吹滅，師於此大悟，便禮拜，潭曰：「子見個什麼？」師曰：「從今向去，更不疑天下老和尚舌頭也。」《五燈會

11 龍潭崇信禪師，唐代禪僧。出身、生卒年皆不詳。屬青原行思法系。從天皇道悟出家，得悟玄旨。後結庵於澧州（湖南澧縣）龍潭禪院，宗風大振。傳法於德山宣鑑。

12 德山宣鑑禪師，俗姓周，唐代禪僧。為龍潭崇信禪師門下，青原行思法系第五世。他常以棒打為教，棒打天下衲子，故有「德山棒」之稱譽。

元》

這個故事，德山發現外面黑暗而向龍潭乞取燭火，便是一種依賴性，也是一種執著習性。龍潭是位大禪師，正當德山用手去接燭火時，突然把燭火吹熄，斷其依賴習性，就在這時德山大悟。從後來德山禪師的發展來看，德山悟出打掉唯一可以攀緣的偶像依賴，然後才能走出自己的路來。

（四）避開誘餌陷阱的啟發教育

雲門[13]因僧問：「光明寂照遍河沙……」一句未絕，門遽曰：「豈不是張拙秀才語？」僧云：「是。」門云：「話墮也。」後來死心（黃龍死心禪師，即黃龍悟新禪師[14]）拈云：「且道：那裡是這僧話墮處？」

無門曰：「若向這裡見得雲門用處孤危，這僧因甚話墮，堪與人天為師。若也未明，自救不了。」

頌曰：「急流垂釣，貪餌者著；口縫才開，性命喪卻。」

13　參見頁二三四，註十二。

14　黃龍死心禪師，俗姓王，法名悟新，北宋禪僧，為臨濟宗門下黃龍派的重要傳人。他曾受黃龍山寶覺禪師的開示：欲得安樂，需要死掉無量劫以來的偷心。後來開悟，便自號「死心叟」，並為其居室取名「死心室」，以警示自己不忘悟道。

張拙秀才為藥山惟儼[15]之法孫石霜慶諸[16]的門人，他和石霜曾有以下的一段公案：

「張拙秀才因禪月大師[17]指參石霜，霜問：「秀才何姓？」曰：「姓張名拙。」霜曰：「覓巧尚不可得，拙自何來？」公忽有省，乃呈偈：「光明寂照偏河沙，凡聖含靈共我家。一念不生全體現，六根才動被雲遮。斷除煩惱重增病，趣向真如亦是邪。隨順世緣無罣礙，涅槃生死等空花。」」

這個教育法，核心在：豈不是張拙秀才語？僧云：是，就戡出該僧對張拙秀才的詩，只認知表面，沒有把它當作真理來體認、來融入。所以雲門禪師批評為話墮也，意思是認知錯誤。無門禪師在評論這則公案時說，禪師們統統像一位漁夫，放一句話頭當釣餌，考驗門徒悟道與否；未悟道的門徒，一開口想吞餌，便墮入陷阱，驗出真悟或口頭禪之輩。茶友們，一句話判生死，可不慎乎？

15 藥山惟儼禪師，俗姓韓，唐代禪僧，屬青原行思法系。十七歲依西山慧照禪師出家。後參謁石頭希遷，證得心法。前後服侍石頭禪師共計十三年，亦曾參謁馬祖道一，言下契悟，奉侍三年。後復還石頭希遷禪師，為其法嗣。弟子中以雲巖曇晟、道吾圓智的法系較為榮盛。

16 石霜慶諸禪師，俗姓陳，唐代禪僧。十三歲依紹鑾禪師出家，曾投溈山靈祐禪師座下，後來又參禮道吾宗智禪師而開悟，成為道吾宗智禪師之法嗣。

17 禪月大師，俗姓姜，號貫休，唐末五代時期僧人。他精通詩、書、畫，尤擅畫羅漢像，每一幅都是傳世佳作，讓觀者驚為神物。清朝乾隆皇帝篤信佛教，曾為《宣和畫譜》裡的貫休十六羅漢像御題贊辭，並為畫像及贊辭建羅漢堂安置供奉。

舐犢情深　楊英風銅雕　作者收藏

（五）儒家的言教、身教教育法

孔子在編《禮記》時，對於老師和讀書，有些討論，後世總結一句話，「經師易得，人師難求」。傳授知識的老師容易找到，教人作學問、修品德、身教風範，讓人一輩子學不完，像歷史上的大儒一樣，這種「人師」非常難求。

想想現在的教育環境，學校只是傳授知識的場域，人品不適任的老師時有所聞，談不上人格、品德、修身的養成，以及身教風範。家庭方面，父母汲汲營營於賺錢，把小孩放在安親班、幼稚園、小學、中學另加補習班。父母與子女之間的缺乏言教、身教的典範，甚或產生疏離感。有錢人家的小孩則由傭人或外籍傭人帶著，已經有錢了還是為錢所役，無法在小孩成長過程中給予最好的身教，這樣環境中長大的小孩，最後可能是：鐵枷無孔要人擔，累及兒孫不等閒。

（六）家庭教育的核心在人的教養

有關教養的論述，以《黃崑巖談教養》這本書最為妥切，茶友們有必要自己深入研讀，參究其義，於自身反省，教育小孩、同事相處，受用無盡。

（七）典範養成的磨練

做學問的方法，子思在《中庸》一書中提出五個要點：博學之、審問之、慎思之、明辨之、篤行之；大學提示的要點在：定、靜、安、慮、得，以及致知在格物。

心智的磨練，以孟子的講法最足堪信賴。

孟子曰：

舜發於畎畝之中，傅說舉於版築之間，膠鬲舉於魚鹽之中，管夷吾舉於士，孫叔敖舉於海，百里奚舉於市。故天將降大任於斯人也，必先苦其心志，勞其筋骨，餓其體膚，空乏其身，行拂亂其所為，所以動心忍性，增益其所不能。人恆過，然後能改。困於心，衡於慮，而後作。徵於色，發於聲，而後喻。入則無法家拂士，出則無敵國外患者，國恆亡。然後知生於憂患而死於安樂也。

這顯示個人成就與出身無關，看您怎樣通過磨練，而不中途陣亡。就如前面提到的：欲得撐門並拄戶，更須赤腳上刀山的道理是一樣的。

台灣自一九四九年以後，出生於一九四〇至一九六〇年代的人，不論在政界、企業界以及各方獨立創造成功的菁英，無不是經過上面孟子所講的心智磨練歷程。除了少數政商豪門的後代是例外。

第四節　茶禪家風——論英雄論事業

古代典籍中，論英雄的談話，以《三國演義》中曹操與劉備的一段對話最精彩。劉備問什麼才是英雄，曹操說：「胸懷大志、腹有良謀，有包藏宇宙之機，吞吐天地之志者也。」處三國亂世時代，志在天下而有實行能力者，謂之英雄。現今民主時代，一樣可以用來看政治領袖，若放在企業界來看，雄才大略的企業主，可征服的領域和版圖，更為寬廣。十九世紀，英國號稱日不落帝國，現代國際級的企業，一樣具有日不落帝國的規模。

其次，論事業。孔子在《易經繫傳》中說：「舉納而措之天下之民，謂之事業。」意謂一個人一輩子，做些事情，對國家社會，都有一些貢獻，才算是事業。現代社會分工較細，公務體系的人員之外，納入勞工保險的人和投資成立企業的資本家，都是企業圈的人，統稱為事業。依我較社會現實的分工，企業主經營者，可稱為自己的事業；職業員工，不論職位高低，除非進入董事會，就是一種職業，把職業認為是一種事業，就台灣現階段的家族企業型態或專業經理人的文化尚未普遍植根企業時，是一種誤己的思維。

就我長期旁觀者清來看企業，不論是企業主或從業員工，前面提到的〈專業經理人〉一文，是企業主有機會任命經理人的一些考察依據，同時也是職工自己想晉升為專業經理人時一些必須具備的質素。職工未晉升為專業經理人身分或未能進入董事名銜，參與企業決策時，都還只是職業，不是事業。

這裡再就三方面，提出企業主怎樣檢核自己是否卓越。專業經

天上聖母與千里眼、順風耳　神像雕工美學之最　作者收藏
專業經理人，隨著任務職掌的變化，有時呈現天上聖母或千里眼、順風耳之不同職能或團隊領導力。

理人怎樣把企業變得卓越，這兩者若無法齊肩並進，專業經理人應審慎思考，是自己的問題或企業主的問題，必要時，另擇明主，以免浪費青春，誤人誤己。

（一）經營群的核心價值

1. 品格
2. 私德與公益
3. 領導人的特質與選用領導人
4. 領導者的能力
5. 選擇接班人
6. 吸引並留任人才
7. 管理的人性要素
8. 識人之明

（二）企業的本質與使命

1. 企業倫理與治理
2. 企業的正當性
3. 界定企業的目標與使用
4. 利潤的目標

5.認清核心能力
6.專注於卓越
7.定義績效與績效評估
8.企業的社會責任

（三）實踐核心價值與企業使命的實踐力道

1.管理者的計分卡
2.組織精神
3.建構策略所需的資訊
4.將策略計劃付諸行動
5.獲利的功能
6.績效是對管理的考驗
7.創新與冒險
(1)檢驗創新
(2)創新要著重於大構想
(3)動盪：是威脅？是契機？
8.管理是人的努力

第五節　我的家風

漢民族文化根基下的家風——傳燈永續。我以家風建構的核心思想、教育目標、教育方法、論英雄論事業，四個正見思惟提供茶友們參考。每一個人每一個家庭都是獨一無二的，無法複製。但中間有一些貫通上下古今的文化、思想、哲學、信仰，有其真理性存在。就如佛法雖有八萬四千法門，但終極目標在無餘涅槃解脱成就是一樣的。這些正見思惟是提供茶友們，在建構自己理想中的家風時，有一些正見思惟的理路，方便著手實踐。

說到我的家風，這個想法存在心裡也有快三十年了。一九八〇年開始，有些機緣開始探索佛

法的義理，思考人、家庭、家族在佛法義理中的真相。漢民族所謂積善之家有餘慶，五世其昌。在佛法中亦有其相通之處。佛法說：神通敵不過業力，業力敵不過願力，可見願力的力量。您有多大的宏願，以生命的全部去付諸實踐，最後都會如願，慈濟證嚴法師就是最好的見證師父。同樣的《修行本起經》中說，佛陀要降臨人間的時候，要做四種觀察：第一要觀察土地，看這個國土、這個時代適不適合；第二是要觀察父母，看他父母是怎樣的種性；第三和第四是國家的情形和教化的因緣。據此推論，若大的生命能量要來出生在你家，當然是要積善之家、累世有德行的家族，才能成就五世其昌。

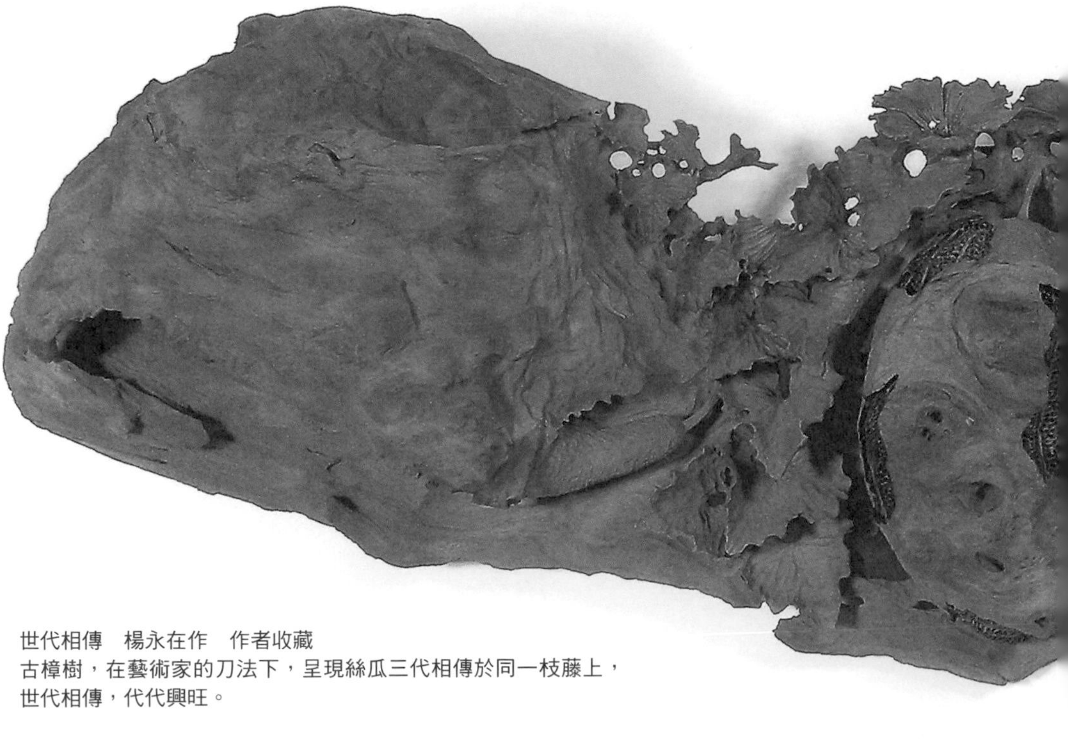

世代相傳　楊永在作　作者收藏
古樟樹，在藝術家的刀法下，呈現絲瓜三代相傳於同一枝藤上，世代相傳，代代興旺。

依於佛法信仰的願力，我的家風是：慈悲喜捨迎人事、人間修行戒定慧。個人是生命永續修行——心思惟：善念、善意、慈悲、喜捨；處人事：律己、嚴謹、寬厚、布施——匯流於智慧行。

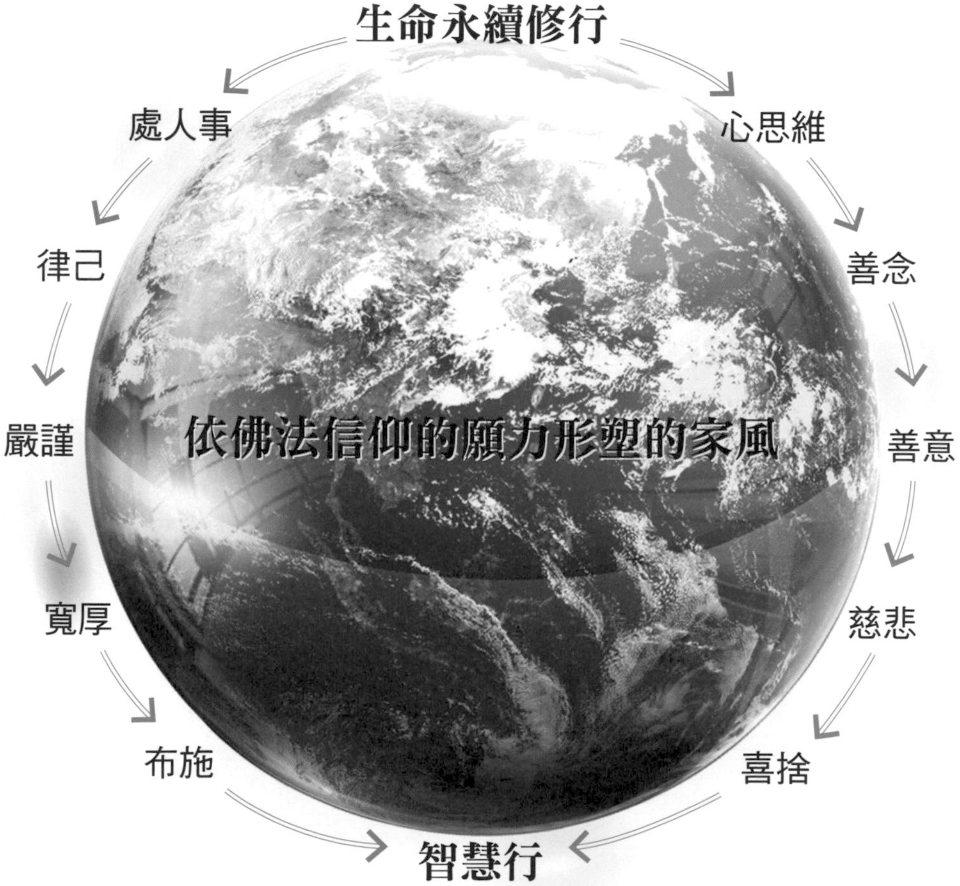

太極圖　吳東昇作　作者收藏
以兩匹奔馬表徵太極意象，具有創作性與啟發性；傳統智慧與易經的原創性，陰陽相生、動靜和諧、萬物生育、天道運作的原理，自現其中。

大作〈茶禪家風——傳燈永續〉一文，給我極大的啟發。班固於《漢書》中提出：「無德而富貴，謂之不幸。」唐末詩人李山甫曾有一首詩，寫魏晉南北朝時期，南朝帝王好色的後果，使爭戰多年打下的江山，在幾場歌舞中敗光，再換一批人來續演。看今日政府某些官員以及富商們，也不多讓。茲錄李山甫〈上元懷古二首〉之一全文，藉供參考：

南朝天子愛風流，盡守江山不到頭。
總是戰爭收拾得，卻因歌舞破除休。
堯行道德終無敵，秦把金湯可自由。
試問繁華何處有，雨苔煙草石頭秋。

重慶市　魏國修

大作〈茶禪家風——傳燈永續〉一文，拜讀後，內心震動，久久不息。今年七十八歲，經歷「文革」及政治動盪試煉的我，更是銘感五內。

改革開放後，有機會閱讀一些古典典籍，但讀來諸多困難。在一次機會裡，看到諸葛亮告誡兒子如何做學問的一封家書，頗為得意，乃請書法家寫成法帖，掛在家中大廳，當作家訓。現在野人獻曝，抄錄供您參考。

夫君子之行：靜以修身，儉以養德。非澹泊無以明志，非寧靜無以致遠。夫學須靜也，才須學也。非學無以廣才，非靜無以成學。慆慢則不能研精，險躁則不能理性。年與時馳，意與日去，遂成枯落，多不接世。悲守窮廬，將復何及！

山東 魯道東

三彩瓶

生命願景的圓滿——了知自己蒙受授記，未來必將成佛

茶禪生活的立意，在實踐一種愉悅、自在的日常生活，最終目標是生命願景的圓滿，當您有茶禪生活的質素、和尚家風、傳燈永續的一系列論說，正見將於心識成形，依於佛法和慧能禪師的教誨，生命願景的圓滿，必可達成。

惠能禪師[1]思想樸素平實，著重人倫，核心精神在本來面目，他說：「若欲修行，在家亦得，不由在寺。在家能行，如東方人心善，在寺不修，如西方人心惡，但心清淨，即是自性西方。」並作〈無相頌〉：

心平何勞持戒，行直何用修禪，恩則親養父母，義則上下相

1 惠能禪師，一作慧能，俗姓盧，唐代禪僧。得五祖弘忍傳受衣鉢，世稱禪宗六祖。他與神秀同為五祖法嗣，為了躲避衣鉢繼承權的紛爭，他逃到南方另立門戶，因主張「頓悟」，被稱為南宗，而與主張「漸悟」的北宗分庭抗禮。後來北宗逐漸沒落，南宗則在六祖惠能的弘法下，門風鼎盛，人才輩出，進而發展出禪宗的五宗七派，對中國佛教及歷史文化的發展，都有深遠的影響。著有《六祖壇經》傳世。禪宗的五宗七派即：曹洞宗、雲門宗、法眼宗、溈仰宗、臨濟宗。臨濟宗後來又發展出楊岐派與黃龍派。

憐。讓則尊卑和睦，忍則眾惡無喧，若能鑽木取火，淤泥定生紅蓮。苦口的是良藥，逆耳必是忠言，改過必生智慧，護短心內非賢。日用常行饒益，成道非由施錢，菩提只向心覓，何勞向外求玄。聽說依此修行，天堂只在目前。

修行生命願景的圓滿

（一）選擇一種適當的生活

這種適當，於因緣上來講，最好最恰當的，不要與自己為敵，不要引誘自己，不要跟團體裡的人產生衝突，也不要跟外界的其他團體或人世間產生強烈的敵對，以免影響我們心的安定。這些不是鄉愿，是依於適當的軌則，這個軌則，就是正見。

（二）「應無所住而生其心」的實踐慈悲行

社會的集體感染力加上人的習性，我們會看到慈悲最後變成制式化，好像有一個固定的樣子叫「慈悲」。這時慈悲就墮落成一個世俗的東西，變成一種繫縛心靈的煩惱。比如我們會碰到躺在路上的乞丐，到底要不要給他們錢？當你看到社會新聞說，這些乞丐是有團體性的組織，有系統的放、收，就像擺地攤做生意一樣，有人負責擺攤，有人負責供貨、收攤，當時間結束後，各自安頓。你知道這是有系統的商業，或社會救濟行為時，到底要不要布施給他們？天氣那麼熱（或冷、雨），把殘障同胞放在那，真是不人道，要不要助長這種有系統的乞討行業？而這些殘障同胞若乞討到的金錢不多，回去後是不是要飽受責難？

想想看！光一點點的布施就造成這許多苦惱！所以，我想，慈悲應是一種過程，而不是一個樣子，當下發心，做了就無住於心，它是一個相續不斷的過程，不是一時一地的態度或行為，它是一種相續不斷的發心，不斷的實踐。

慈悲心是內在的，慈悲的樣子是外在的。宋明理學家崇尚道德，為什麼後來淪為道德是吃人的禮教？因為道德變成一種樣子被展現出來，有文化詮釋權的人就說，如果你不這樣子表現，就不道德。慈悲也是一樣，若只是外在的樣子，將變成什麼樣的圖像，茶友們自己去想？或在社會新聞裡，經常可看到一些慈悲的樣式的負面表列。

慈悲的終究是「無緣大慈，同體大悲」，樂遍滿一切是大慈，普遍救度一切是大悲。無緣是超越一切因緣，不落在一切因緣，是智慧行的大慈。同體是沒有一切分別心的無分別智慧，是智慧行的大悲。慈是與樂，悲是拔苦，拔苦與樂，是要智慧行的。

（三）人間世的菩薩行——四攝十度

傳統的民間習俗或民俗信仰，認為人世間生命福祉的次序是：一命，二運，三風水，四陰德，五讀書。洪啓嵩禪師認為依佛法菩薩行的精髓，提出新的排列次序：一願，二悲，三智，四功德，五命，六運，七定力，八風水，九世間福德，十知識。菩薩行者的生命格局，不但是超越世間一切，同時又回到世間教育救度有情的悲智人生，是包容世間的一切看法，再從中昇華它，使眾生生命未來有更大格局。

為什麼願力擺第一？因為因緣業報力大於神通力，而願力卻大於因緣業報力，願力是悲心與智慧的總集。人間世的菩薩行，攝授眾生的方法有：布施、愛語、利行、同事四個準則。四攝為態度，十度是行履。何謂十度？即六波羅密多：布施、持戒、忍辱、精進、禪定、般若，加上《華嚴經》提出的願、力、智、方便；對應於《華嚴經》「十地」，又稱為「十行」，等於是十個菩薩應行的功課。

最後，生命願景的圓滿，即在了知自己蒙受受記未來必將成佛，依《華嚴經．世間品》，記載十種自知自我決定受記的行履是：

1.以殊勝心發起菩提心。
2.永遠不厭倦捨離各種菩薩行。
3.能安住一切的時劫行菩薩行。
4.能修一切佛法。
5.深信諸佛教誨，從不懷疑。
6.凡修行的善根無不成就。
7.能安置所有眾生於諸佛菩提。
8.自身和一切善知識和合無二。
9.能視一切善知識與佛二無。
10.恆常勤加守護菩提本願。

我們可以自己檢視看看，若是有上述十種的行履，就一定能受記成佛。而其中發菩提願行菩薩行就排在第一、二個。

茶友們、讀者們，人身難得，就如大海盲龜穿浮木，今世以人身出現，就代表您是有福慧的人，及時善巧菩薩行，累世福慧根，於今必顯現。

古玉佛　自在的生命願景　戴國明收藏

致感謝公開信

感謝茶友、讀者們，在因緣和合的情境下，我們因這本書的寫作和閱讀，你、我在人生的道路上，有更多的禪悅、自在；若因此有所啓發並改善了與家人、朋友、同事相處的品質，增加了金錢的適切掌握能力，以及心意識的正見有更好的護念，那麼，希望您介紹朋友，參與您的心智成長和財富的增值，這樣我們就共同在「無緣大慈，同體大悲」中，自強不息的運轉著，享受共同成長的樂趣！

我於一九八〇年皈依靈山講堂淨行師父，依著修習天台氣功、八關齋戒、禪七等修行，次第而行；並藉著閱讀南懷瑾師父、洪啓嵩禪師的佛法經典論述，來理解佛法精義，並盡可能的依持於思考、言行之中。因此，本書中提到的佛法、禪宗有關的敘述或詮釋，大都依著南懷瑾師父和洪啓嵩禪師的教誨而來。我與這兩位師父並無正式的師徒關係，但就趣入佛法經典而言，兩位師父也是我的師父。藉這個機會，表達深誠的敬意。

在此特別感謝昆明新一代普洱茶商馮建榮先生，不斷提供雲南各產區的古樹普洱茶毛茶樣品給我試喝，藉此認識各產區普洱茶的特色而得以擇取佳茗，納入我的收藏之列。

本書有關於滋味、香氣的敘述，採取多位資深茶人共同品鑑確認始予定稿。

最後感謝扈堅毅廠長、張水明校長、戴國明副總經理，他們在百忙中為本書撰寫序文，以及李俊輝老師為本書封面題字，讓它益增光彩。

這次增訂三版出書，得到王安東財務長、白宜芳茶哲人、陳彥璋雅道講師及張水明校長（已退休）寫推薦序，他們在普洱茶茶道，以及藉茶助道的真善美聖修行次第，讓我受益良多，功夫大進，希望讀者、茶友們同等喜納法益。

佛法講：願力有多大，成就就有多大；證嚴法師的慈濟功德事業，已是明證。美國成功學之父Napoleon Hill鼓勵人們相信：「凡人心所能想像，並且相信，終究能夠實現。」茶友們、讀者們，請不要小看自己，相信自己可以發光發熱，照亮別人，也溫暖自己！

丁元春敬上
二〇一七年十二月

國家圖書館出版品預行編目(CIP)資料

古樹普洱茶記：茶趣・茶禪・茶收藏 / 丁元春作. -- 增訂三版. -- 臺北市 ： 宇河文化出版 ： 紅螞蟻圖書發行， 2018.01　　面；　公分
ISBN 978-986-456-299-2（平裝）
1.茶葉 2.茶藝

434.181　　106024447

古樹普洱茶記——茶趣・茶禪・茶收藏

作　　者／丁元春
責任編輯／楊家興
美術構成／王玳甯
校　　對／蔡秀英
發 行 人／賴秀珍
出　　版／宇河文化出版有限公司
發　　行／紅螞蟻圖書有限公司
地　　址／台北市內湖區舊宗路二段121巷19號(紅螞蟻資訊大樓)
網　　站／www.e-redant.com
郵撥帳號／1604621-1　紅螞蟻圖書有限公司
電　　話／(02)2795-3656（代表號）
傳　　真／(02)2795-4100
登 記 證／局版北市業字第1446號
法律顧問／許晏賓律師
印 刷 廠／欣佑彩色印刷股份有限公司
出版日期／2018年1月　增訂三版

定價新台幣468元　港幣156元

ISBN 978-986-456-299-2　　　　Printed in Taiwan